全国通用职业（就业）技能培训丛书

全国家庭服务业就业培训推荐教材

家政服务员

上岗手册

张瀚文　韦 国　主编

化学工业出版社

·北 京·

《家政服务员》一书是为家政服务人员量身定做的提升就业、从业技能的实操性读本。本书最大的特点就是以就业为导向，突出实用性、专业性，重点培养从业人员的技术运用能力和岗位工作能力。

本书内容由导读和其他四个部分组成：第一部分家政服务员上岗须知，包括家政服务的内容与方式、家政服务员任职要求；第二部分家政从业常识，包括礼貌礼仪、安全知识；第三部分家务工作技能，包括食材采购与记账、主食制作、家庭菜肴制作、家用电器的使用与保养、家庭清洁卫生、衣物洗涤与收藏、宠物喂养与家庭绿化常识；第四部分家庭护理技能，包括孕妇护理、产妇护理、婴幼儿护理、老人陪护等内容。

《家政服务员》既适用于职业院校、企业和职业培训机构大力开展订单式培训、定向培训、定岗培训、劳动预备培训；也适用于从业者通过自我阅读和学习，提升自己的从业技能和管理技能。

图书在版编目（CIP）数据

家政服务员/张瀚文，韦国主编. —北京：化学工业出版社，2020.7
（全国通用职业（就业）技能培训丛书）
ISBN 978-7-122-36630-6

Ⅰ.①家… Ⅱ.①张…②韦… Ⅲ.①家政服务-职业培训-教材 Ⅳ.①TS976.7

中国版本图书馆CIP数据核字（2020）第069842号

责任编辑：陈　蕾　　装帧设计：尹琳琳
责任校对：杜杏然

出版发行：化学工业出版社（北京市东城区青年湖南街13号　邮政编码100011）
印　　装：三河市延风印装有限公司
710mm×1000mm　1/16　印张$8^3/_4$　字数154千字　2020年7月北京第1版第1次印刷

购书咨询：010-64518888　　售后服务：010-64518899
网　　址：http://www.cip.com.cn
凡购买本书，如有缺损质量问题，本社销售中心负责调换。

定　　价：36.00元

国务院出台的《关于推行终身职业技能培训制度的意见》（国发〔2018〕11号）是继2010年国务院《关于加强职业培训促进就业的意见》（国发〔2010〕36号）之后，国家又一个具有划时代意义的职业技能培训领域的文件。

《国务院关于加强职业培训促进就业的意见》（国发〔2010〕36号）指出："（四）大力开展就业技能培训。要面向城乡各类有就业要求和培训愿望的劳动者开展多种形式就业技能培训。坚持以就业为导向，强化实际操作技能训练和职业素质培养，使他们达到上岗要求或掌握初级以上职业技能，着力提高培训后的就业率……（七）大力推行就业导向的培训模式……引导职业院校、企业和职业培训机构大力开展订单式培训、定向培训、定岗培训。面向有就业要求和培训愿望城乡劳动者的初级技能培训和岗前培训，应根据就业市场需求和企业岗位实际要求，开展订单式培训或定岗培训；面向城乡未继续升学的应届初高中毕业生等新成长劳动力的劳动预备制培训，应结合产业发展对后备技能人才需求，开展定向培训。"

《关于推行终身职业技能培训制度的意见》（国发〔2018〕11号）指出："（四）完善终身职业技能培训政策和组织实施体系。面向城乡全体劳动者，完善从劳动预备开始，到劳动者实现就业创业并贯穿学习和职业生涯全过程的终身职业技能培训政策。以政府补贴培训、企业自主培训、市场化培训为主要供给，以公共实训机构、职业院校（含技工院校，下同）、职业培训机构和行业企业为主要载体，以就业技能培训、岗位技能提升培训和创业创新培训为主要形式，构建资源充足、布局合理、结构优化、载体多元、方式科学的培训组织实施体系。（五）围绕就业创业重点群体，广泛开展就业技能培训。持续开展高校毕业生技能就业行动，增强高校毕业生适应产业发展、岗位需求和基层就业工作能力。深入实施农民工职业技能提升计划——'春潮行动'，将农村转移就业人员和新生代农民工培养成为高素质技能劳动者。配合化解过剩产能职工安置工作，实施失业人员和转岗职工特别职业培训计划。实施新型职业农民培育工程和农村实用人才培训计划，全面建立职业农民制度……"

根据国务院关于加强职业培训促进就业、关于推行终身职业技能培训制度的意见，我们组织相关专家和一线从业人员，编写了一套"全国通用职业（就业）技能培训丛书"，其中的"全国家庭服务业就业培训推荐教材"系列就是针对家政服务业从业人员学习、提升的一套实用培训教材。

《家政服务员》设置五大模块，由"就业导向+上岗须知+职业素质+从业技能+技能测试"构成，内容基本涵盖了家政服务人员上岗就业应知应会的基本知识和技能。

本书是为家政服务人员量身定做的一本就业从业技能和管理技能提升的实操性读本，既适用于职业院校、企业和职业培训机构大力开展订单式培训、定向培训、定岗培训、劳动预备制培训；也适用于从业者通过自我阅读和学习，提升自己的从业技能和管理技能。本书最大的特点就是以就业为导向，突出实用性、专业性，重点培养从业人员的技术运用能力和岗位工作能力。

本书由张瀚文、韦国主编。由于编者水平所限，不足之处敬请读者指正。

编　者

图书使用指南 >>>>>>>

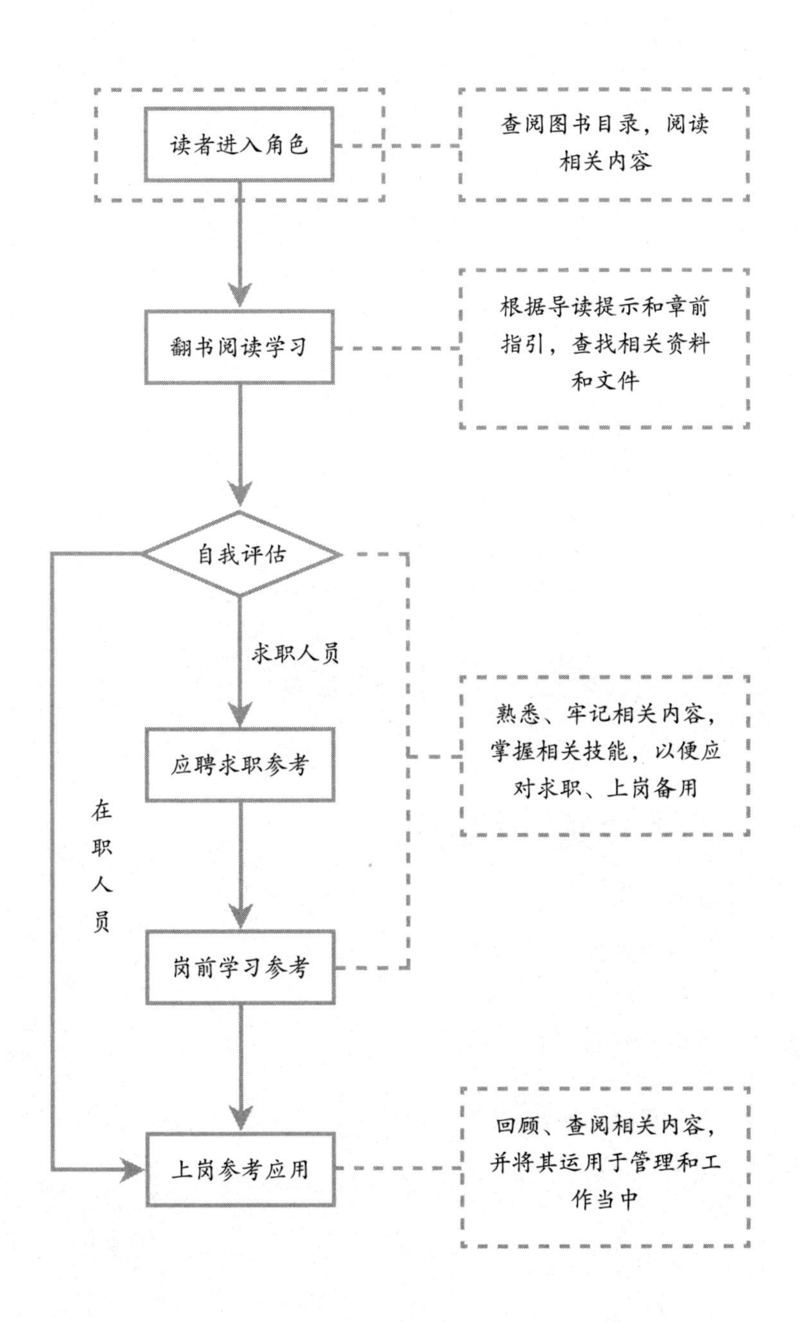
读者进入角色
查阅图书目录，阅读相关内容
翻书阅读学习
根据导读提示和章前指引，查找相关资料和文件
自我评估
求职人员
在职人员
应聘求职参考
熟悉、牢记相关内容，掌握相关技能，以便应对求职、上岗备用
岗前学习参考
上岗参考应用
回顾、查阅相关内容，并将其运用于管理和工作当中

导读　就业导向的上岗培训

第一部分　家政服务员上岗须知

第二部分　家政从业常识

第三部分　家务工作技能

导 读

就业导向的上岗培训

一、何谓就业导向

就业导向就是指培训工作要以“就业”为目标，适应社会产业结构和职业结构的变化，满足用人单位对生产、服务、管理第一线技术技能型人才的需求，实现个人的就业愿望。实施就业导向，也就是要实现真正的大众化教育，谁想学谁就可以学，想学什么就可以学什么，想什么时候学就可以什么时候学，想到什么地方学就可以到什么地方学。

二、为何要以就业为导向

“用工荒”一词在近几年的媒体报道中出现的频率非常高，然而，许多年轻人因找不到工作而“啃老”的行为也开始成为一个引人关注的社会问题。

一方面，企业招聘不到合适的人；另一方面，许多人找不到满意的工作。针对这一现象，政府和许多专业机构都在找原因。有一点不容忽视：部分求职者不具备实际胜任工作的技能！学校培养出来的一些学生所读的课程教材堆起来可能有一米高，但就业的本领却不高！如图0-1所示。

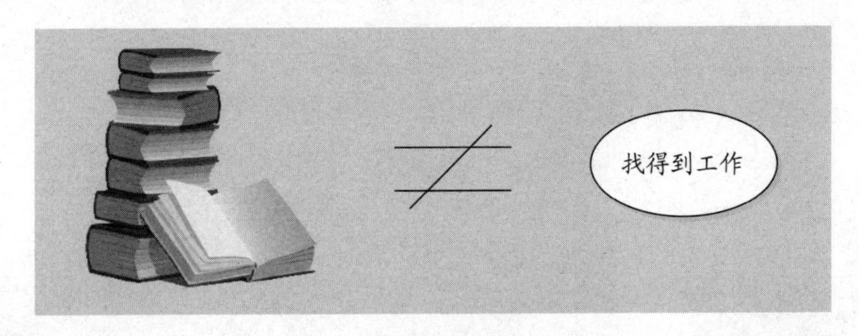

图0-1　会读书不一定会工作

另外，一些掌握一定技能的人却缺乏一些职场基本常识和职场礼仪，因而，往往在试用期就被“刷”下来了。

（1）上司的指示没听明白就动手工作。

（2）工作过程中遇到困难不会积极主动地寻求帮助。

（3）工作完了不反馈信息、不会汇报工作。

（4）不协助同事。

（5）上下班不与同事打招呼。

（6）在公司里碰到客人，面无表情。

（7）不会给客户打电话。

（8）不会做工作记录，不会做报表。

（9）上班忙着看微信、刷朋友圈、网上购物、做微商。

（10）站没站相、坐没坐相，严重影响公司形象。

（11）上班时随意串岗、溜号、嬉闹。

（12）使用公司电话打私人电话，处理私人事情。

……

三、家政服务员的就业导向目标

以就业导向为目的，就是要为社会培养应用型技术人才。而这最直接的体现就是实现被教育对象的顺利就业。这就要求受教育者在学习期间能够掌握所学领域比较实用的操作技能，并能在实践中加以运用，让受教育者达到行业要求。

家政服务员的就业培训目标是使受训者在学习完后掌握就业所需知识和技能，能够顺利实现就业，并具备一定的成长空间，如图0-2所示。

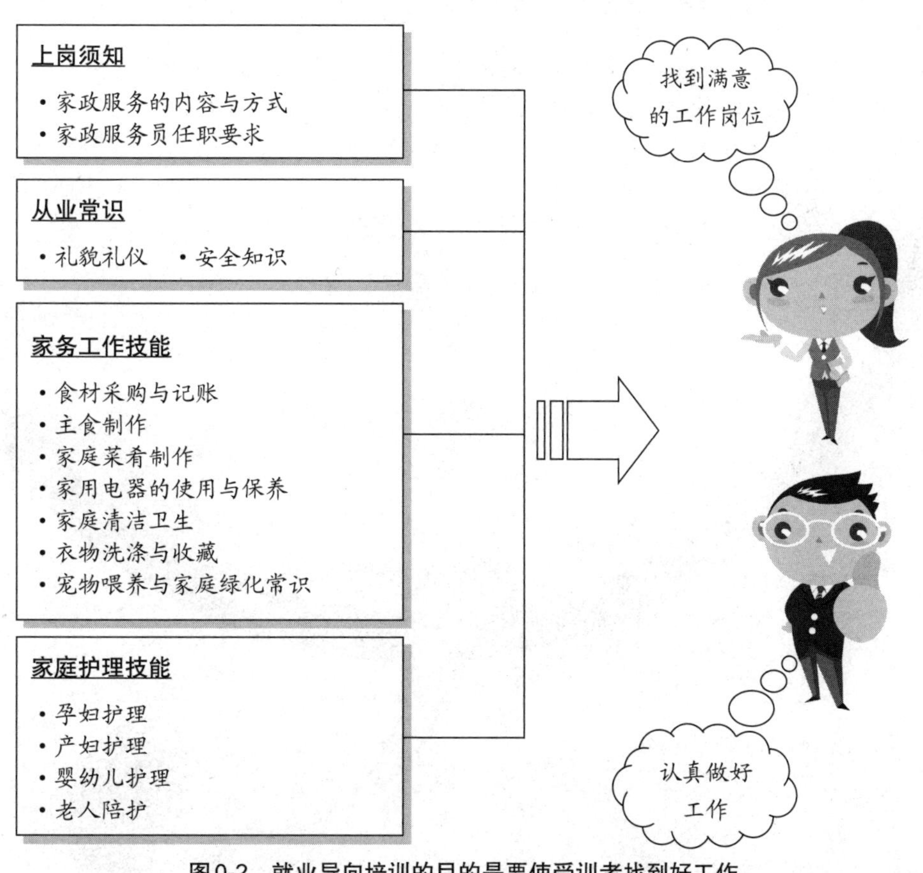

图0-2 就业导向培训的目的是要使受训者找到好工作

第一部分 家政服务员上岗须知

■ 须知01 家政服务的内容与方式

■ 须知02 家政服务员任职要求

须知01 家政服务的内容与方式

学习目标：

1. 了解家政服务工作的主要内容（见图1-1）。
2. 掌握家政服务的方式。

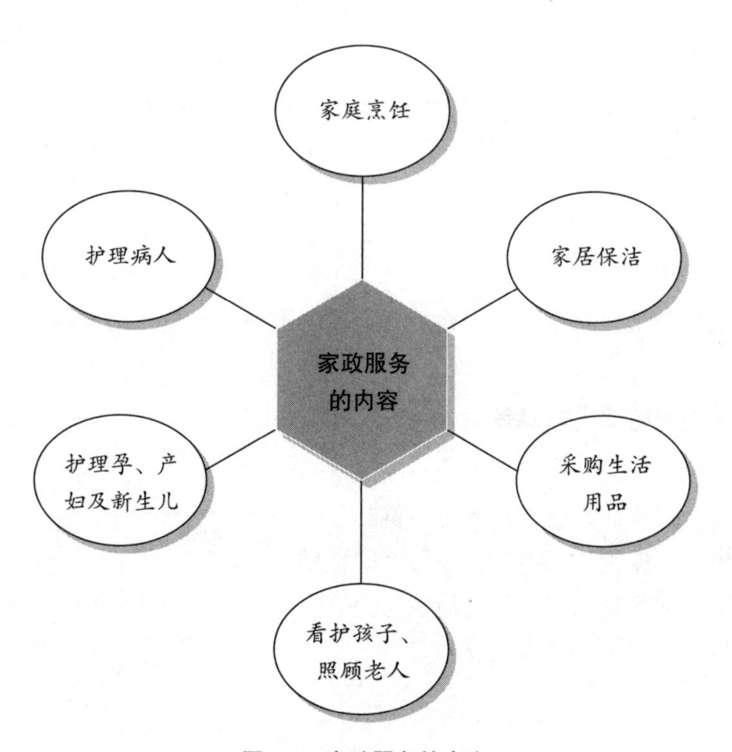

图1-1 家政服务的内容

家政服务员是进入雇主家庭根据合同规定提供服务的人员。从事的工作包括为所服务的家庭操持家务，照顾老、弱、病、残、婴幼儿等，以及按照雇主要求管理家庭有关事务等。

一、家政服务工作主要内容

（一）家庭烹饪

（1）根据雇主家庭的口味制定食谱，做好一日三餐的烹饪工作。

（2）根据家庭不同成员，如幼儿、老人、孕妇和患有不同疾病人的营养需要，以及根据季节的变化，有针对性地搭配食物和辅食。

（3）保证食品卫生。针对各种食物的不同清洗方法，严格按要求操作。做好食品的储存和保管工作，准确鉴别变质食物和食品。

（4）用餐完毕及时清洁整理厨房、炊具和餐具等。

（二）家居保洁

1.厨房卫生

厨房卫生包括炊具卫生、下水道去味、窗和墙面清洁等。

2.居室卫生

居室卫生包括居室除味、除虫、打扫等工作。

3.衣物卫生

衣物卫生包括衣物洗涤、衣物保养、衣物熨烫、其他用品如领带、鞋袜等的清洗与保养。

4.家居设施的清洗与保养

（1）地毯、地板、地砖和大理石的清洗与去垢。

（2）墙板、瓷砖、壁纸的清洗与打扫。

（3）窗帘、床上用品的清洁与保养、整理。

（4）木制或其他材料家具的清洁与保养。

（5）灯具、门窗的清洁与保养。

（三）采购生活用品

帮助雇主采购一些日常生活用品，如烟、酒、茶、糖、饮料、食品、洗衣粉、洗洁精、洗发水等。

（四）看护孩子、照顾老人

1.看护孩子

（1）保证孩子人身安全。

（2）婴幼儿辅食的制作及人工喂养。
（3）婴幼儿患病期间的看护，掌握药品的识别与用药含量、计量。
（4）学龄前儿童的看护，照顾儿童的饮食、起居、安全玩耍等。
（5）接孩子上下学，保证健康饮食，督促完成家庭作业等。

2.照顾老人

（1）保证老人人身安全。
（2）照顾老人锻炼和休息，安排好他们的饮食。
（3）帮助老人打理好日常生活，照料洗漱起居。
（4）护理生活不能自理的老人，保持清洁卫生。
（5）护理患病老人，帮助他们服药和适量的活动。

（五）护理孕、产妇及新生儿

1.护理孕妇

（1）根据孕妇的饮食需要，制作孕妇餐，即做好孕妇饮食营养护理。
（2）护理孕妇洗浴、擦浴。
（3）注意观察孕妇的妊娠反应，提供相应护理。
（4）帮助孕妇谨遵医嘱正确用药。

2.护理产妇

（1）掌握产妇的营养饮食需要，做好产妇的饮食护理。
（2）根据产妇哺乳期的身体特点护理常见疾病。
（3）产妇缺乳少乳的护理。
（4）指导产妇做产后形体恢复体操等，帮助产妇尽快恢复身材。

3.护理新生儿

（1）为新生儿喂哺与喂药。
（2）新生儿常见疾病的护理，如脐炎、红臀、湿疹、黄疸等。

（六）护理病人

（1）病人的饮食、服药、洗浴及户外活动等护理。
（2）预防病人发生褥疮、关节变形等。
（3）为病人进行口腔护理，预防呼吸道感染。
（4）陪伴病人，引导病人保持心理健康，心情舒畅。

二、家政服务的方式

家政服务的方式按时间划分可分为全日制服务和钟点服务（计时工）。按服务内容划分可分为单项服务、多项服务和综合服务等。

牢记要点

1. 用餐完毕及时清洁整理厨房、炊具和餐具。
2. 针对各种食物的不同清洗方法，严格按要求操作。
3. 针对不同质地的衣料采用正确的洗涤方法。
4. 根据新生儿的生理特点，进行科学合理的护理方法。
5. 掌握常见疾病的护理方法。

家政服务员任职要求

学习目标：

了解和掌握家政服务员的任职要求（见图1-2）。

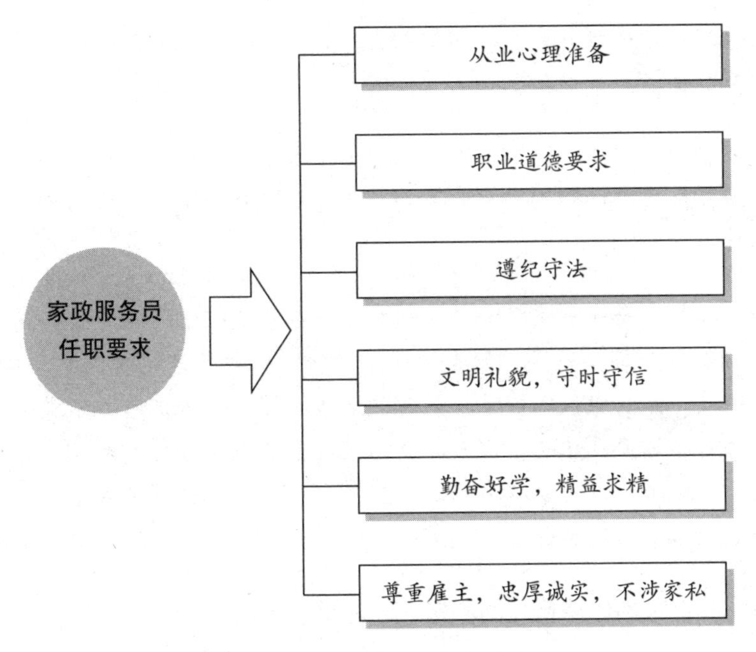

图1-2　家政服务员任职要求

一、从业心理准备

心理准备是指从业人员正确认识所从事的职业，端正对所从事职业的态度和认识。从业人员应积极调整心态，正确认识无论从事何种职业，都是按劳取酬的正当劳动者，所以，都会受到社会的尊重和认可，都应该努力做好。

（一）心态决定成败

能否做好家政服务工作并不完全取决于工作技能的完善与否，而在很大程度上取决于你有没有一种良好的、健康的工作心态。只有在心理上真正接受、热爱这份工作才能把它做好，而且能够真正作为稳定职业从事下去。好的心态可以帮你应付工作中的突发情况，渡过难关，更能让你愉快地工作。对同一件事，不同的心态会产生截然不同的后果。

有两位家政服务员先后进入雇主家服务，遭遇同一件事：工作初始，雇主指责她们做的饭菜不合口味。其中一位很不服气，认为自己辛辛苦苦做了半天没有功劳也有苦劳，凭什么指责我，从而产生抵触情绪，并把这种情绪带到工作中，结果工作越做越差，越来越不能让雇主满意，最终只能离开；而另一位却积极地反省自己失误在哪里，态度真诚地与雇主沟通，了解其饮食习惯，并在此后的工作中及时改进，结果得到客户的谅解和支持，工作也越做越顺，越做越好，薪水自然也逐步提高了。

在家政服务的具体工作中，家政服务员一定要及时地调整心态，始终把工作摆在第一位，把所有琐碎的家庭服务与“工作”联系起来，只有这样，才能做好每件一事情。

有一位参加过高级家政服务员培训且学习成绩很出色的服务员，在第一天上岗的时候就有很痛苦的感受。她在做居室清洁工作时，先把房间打扫得很干净，然后擦木地板。擦木地板一般要求是跪在地板上擦，在培训时并不觉得跪在地板上这一动作有伤尊严，然而，那天的情形是雇主正坐在沙发上看电视，她则要跪在雇主面前擦地板，因此觉得自尊心受到很大伤害。她拿着工具站在那里犹豫了好久，后来想通了，她告诉自己跪下去是为了更好地完成工作而不是向谁屈服。

所以，只有时刻保持良好的心态，才能更好地做好工作。

（二）具备良好的心理素质

家政服务员应具备良好的心理素质和较强的心理承受能力，为人处世宽容大度。

1. 正确认识自己

正确认识自己，就是要认识到自己是社会的一员，有能力、有实力、有信心为社会工作，能够凭自己诚实的劳动，自食其力，能够找到自己在社会中的定位。无论自己来自农村，还是下岗失业，就业是最主要的目的。通过自己的劳动增加收入是光荣的事情，不仅可以自食其力，还可以提高家庭生活收入和质量。因此，当决定选择从事家政服务行业，应把将从事家庭服务工作作为自己人生的新起点。

2. 接受雇主的甄选

在就业时参加面试是必须经历的过程，所以必须面对雇主审视的目光，当面回答雇主的各种提问。对此，家政服务员要做好充分的思想准备，坦然面对雇主，并通过自己的言谈举止展示自己的精神风貌和工作实力，为雇主留下良好印象，为成功就业打好基础。

3. 对工资有合理的预期

家政服务员应该有清醒的认识，不要对工资收入有过高的预期。要对自己的个人条件和工作实力有全面的分析和评价，了解自己的优势与特长，根据就业所在地的实际情况，参考其他家政服务员的收入，在工资上做出符合实际的定位，做出最佳选择。

（三）树立正确的职业心态

1. 正确认识家政服务员职业

随着社会经济的发展，社会分工必将进一步细化，家庭服务业的兴起和壮大在我国具有战略意义，必将朝着职业化、产业化、专业化的方向发展。因此，家庭服务业越来越受到社会各界的广泛重视，家政服务员也会越来越得到社会的尊重和认可。

2. 克服世俗观念和自卑心理

中国有几千年的封建历史，在许多人的潜意识里还残留着封建的等级观念，认为从事家政服务工作就是低人一等，更看不起从事家政服务的人。实际上，当今社会职业只是用来区分工作的标志，人们从事的职业虽然不同，但都是在为社会做贡献，只是工作的对象不同而已。所以，家政服务员要抬起头来，以和雇主平等的态度去工作，关键是提高自己的综合实力，才能更得到雇主的尊重。

3. 客观评价自我

人贵有自知之明，从事任何职业都要实事求是地看待自己，量力而行，既不能好高骛远，也不必妄自菲薄。对自己的优势不夸大也不缩小，要充分发挥自身优势，积极为择业创造条件。同时要客观地看到自身的劣势和缺点，主动反省，以积极的态度去避免或改变劣势，克服缺点，努力将劣势转变为优势。

4. 要有明确的职业定位

家政服务员是一个特殊的职业，她们作为非家庭成员进入到一个家庭中，承担着这个家庭的某些职责（如操持家务、照料婴幼儿等），作为职业人员，努力完成合同规定的服务内容是职责所在。家政服务员既要把雇主的家务工作当作自己的事去做，但是又要意识到不可能承担起雇主家庭管理的全部责任。要掌握好分寸，做到尽职尽责，工作中主动征求雇主意见，及时接受他们的指导。

二、职业道德要求

家政服务员从进入所服务的家庭起，就开始了自己的职业活动。在履行职业责任的过程中，要严格按照职业道德要求规范自己的行为，自觉遵守职业道德。

（一）做家庭文明建设的参与者

家政服务员进入雇主家庭，虽不是其家庭成员，但与这个家庭一起生活，又类似家庭成员。因此，要细心了解这个家庭，实践家庭美德的要求，积极参与文明家庭建设。

（二）建立良好的人际关系

处理好同雇主家庭的人际关系，是做好家政服务工作的前提，也是家政服务员道德修养和职业素质的体现。家政服务员要尊重和关心所服务家庭的每个成员，热情友好，忠厚本分，通过自己的诚实劳动和良好品质赢得雇主家庭成员的信任。

（三）掌握家庭特点，做好服务工作

职业道德同履行职业责任是紧密联系的。家政服务工作以满足家庭生活需要为核心，所以家政服务员要掌握雇主家庭的需求特点，尊重雇主家庭成员的生活习惯，尽心尽力地做好各项服务工作，展现出自觉、积极、主动的工作精神。

三、遵纪守法

家政服务员必须遵守国家的有关法律法规，对《中华人民共和国宪法》《中华人民共和国刑法》《中华人民共和国未成年人保护法》要有所了解（以下简称《宪法》《刑法》《未成年人保护法》）。

（一）《宪法》解读

宪法是国家法律体系的基础和核心，具有最高的法律效力，是根本法。

宪法规定了国家的根本任务和根本制度，即社会制度，国家制度的原则和国家政权的组织及公民的基本权利和义务。

1.公民在法律面前一律平等

公民在法律面前一律平等，是我国公民的一项基本权利，其含义是指，我国公民不分民族、种族、性别、职业、家庭出身、宗教信仰、教育程度、财产状况、居住期限等，都一律平等地享有宪法和其他法律规定的权利，也都平等地履行宪法和其他法律规定的义务。

2.公民享有人身自由权利

《宪法》规定我国公民的人身权利作为一项基本权利，包括公民的身体不受非法限制、搜查、拘留、审问和侵犯；公民的人格尊严不受侵犯，禁止用任何方法对公民进行侮辱、诽谤和诬告陷害；公民的通信自由和通信秘密受法律的保护，正常情况下，任何组织和个人不得以任何理由侵犯公民的通信自由。

（二）《刑法》解读

作为家政服务人员，应当主动学习、了解、掌握相关的法律条文，一是有效地利用法律武器保护自己的人身安全，二是能够提醒自己始终做一个知法、懂法、守法的合格公民。

家政服务人员，要切实做到“遵守法纪、尊重雇主、诚实守信、忠于职守”。

（1）家政服务员要自尊、自重、自爱。禁止向雇主借钱或者索要财物，不得翻看雇主的东西，更不能将喜欢的东西据为己有，一旦出现上述问题将受到刑事处罚。不得损坏雇主家中的物品，特别是贵重物品（如古字画等），损坏物品要如实向雇主讲明，不得隐瞒或销毁。

（2）现在许多小区物业和家庭均已经安装视频监控系统，家政服务员要洁身自爱，不要存在侥幸心理，否则，难逃法律的制裁。

（3）为了确保安全，家政公司通常在家政服务员办理入职手续前已上网验查身份证并照相留底，一旦家政服务员有不合法行为发生，公司会即刻将相关资料传送至家政服务员户籍所在地的公安机关和相关单位。为了自己及家人的声誉与前途，切记任何时间、任何地点勿生贪念，否则，将遗恨终生。

（三）《未成年人保护法》

家政服务员有一项重要工作是照顾婴幼儿。婴幼儿是未成年人，所以，要了解《未成年人保护法》并遵守。有的家政服务员认为婴幼儿小，不会讲话，所以，自己不高兴或者婴幼儿不听话的时候，就打孩子，有的甚至虐待孩子，这是犯法的！

张女士有一个2岁多的宝宝，很长一段时间似乎不分昼夜地昏睡，对吃喝也不感兴趣。

张女士很忧心，带着小孩去医院，抽血检查后，医生说这个孩子吃了安眠药。张女士很吃惊，琢磨着谁可能喂孩子吃安眠药呢，可想了半天，认为可能性最大的就是家里请的服务员小李。于是，她回去问小李，小李不承认，无奈之下，张女士报了警，派出所接警后高度重视，立即展开调查，最后在宝宝奶瓶的配方奶水里查到了安眠药成分。服务员小李被公安机关带走。

案例中的小李显然违反了《未成年人保护法》。

四、尊重雇主，忠厚诚实，不涉家私

（一）尊重雇主

家政服务员是为满足家庭生活的需求才进入雇主家庭，因而必须尊重雇主家庭的各种习惯，并尽力满足各种需求，以完成好自己的服务工作。

（二）忠厚诚实

家政服务员的态度和蔼可亲，对待雇主家庭成员热情友好，对自己的服务工作尽心尽力，忠诚本分，工作就可以得到雇主的认可，取得雇主的信任。

（三）不涉家庭隐私

家政服务员对雇主家庭中不应知道的事，要做到不问不打听，当家中只有自己时，也不应出于好奇心而随意翻看物品。遇到雇主家庭内部发生矛盾时，不要主动参与，更不能说三道四，需要劝解时也只能适可而止。

牢记要点

1.时刻保持良好的心态，才能更好地去做工作。

2.家政服务员要克服世俗观念和自卑心理。

3.处理好同雇主家庭的人际关系，是做好家政服务工作的前提，是家政服务员道德修养和职业素质的体现。

第二部分 家政从业常识

- 常识01　礼貌礼仪
- 常识02　安全知识

礼貌礼仪

学习目标：

1. 了解和熟悉家政服务员的礼貌礼仪（见图2-1）。
2. 掌握处理与雇主关系的方法和技巧。

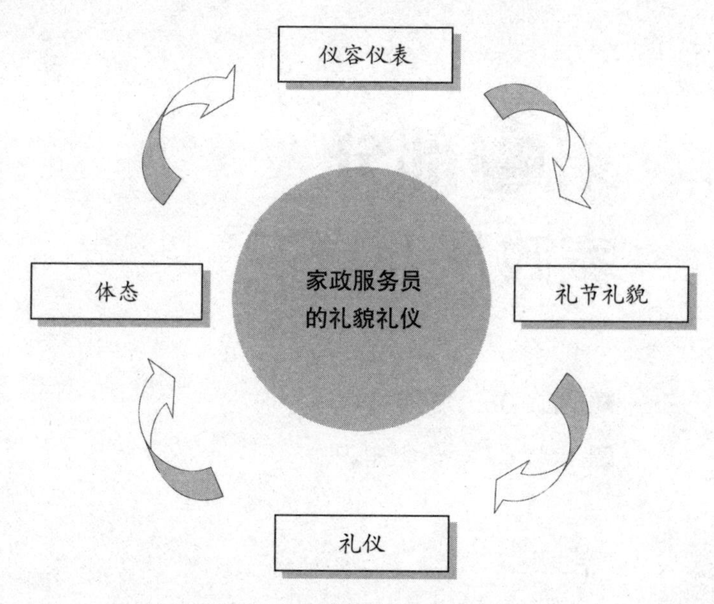

图2-1　家政服务员的礼貌礼仪

一、仪容仪表

（1）家政服务员无论在家或在外，均应保持整洁、干净、清爽的个人形象，要做到四勤："勤洗手、勤剪指甲、勤洗澡、勤换洗衣服"。

（2）所有家政服务员均不得梳理各种怪异发型，不得留长指甲，不得涂抹指甲油。尽量不化妆，如化妆不得浓妆艳抹并避免使用气味浓烈的化妆品，宜淡妆，保持清新、雅致。

（3）睡衣仅在自己的卧室中穿着，不得穿睡衣及比较外露的衣服在客厅走动、工作、外出。

（4）休假或回公司参加活动、集训，必须着公司统一服装，带好工卡。

（5）坐、立、行姿势要端庄，举止要大方，坐时不准将脚放在桌椅上，不准跷二郎腿，不准左右或上下摇动，站立时姿势要自然大方，双手垂放，行走时不能摇头晃脑。

二、礼节礼貌

（1）家中来客或对外交往要自然、大方、稳重、热情、有礼。做到微笑接待服务，用敬语，不可以貌取人。

（2）客人到来时，要主动为客人让座；主动为客人沏茶，量以七分满为宜；客人来去时，要主动为客人开门迎送。

（3）与客人谈话时要站姿或坐姿端正，禁止左顾右盼、低头弯腰或昂头叉腰。用心聆听客人谈话，不抢话，不中途插话，不与客人争论，不强词夺理，说话要有分寸，语气温和，语言要文雅。不得询问有关客人的经历、收入、年龄等，对奇装异服或举止奇特的人不好奇、不羡慕。

（4）如客人在家中就餐时，要精心准备，服务周到，如主人和客人要求自己入席，必须将所有备餐工作做完方可。

（5）与雇主家庭成员及客人外出同桌就餐时，不得抢占主宾、主人位，应礼貌让他人先入座，如有小孩，要主动照顾小孩，菜肴上台时，不能首先品尝。

三、礼仪

（一）称呼

称呼雇主为先生（太太）。对客户家的小孩称呼：可直接称呼名字。对主人的家人如年龄差别不大，可称呼为：大哥（大姐），如年龄大得多，可称之为：叔叔、阿姨、爷爷、奶奶。最常见的称呼：先生、太太、叔叔、阿姨、爷爷、奶奶。

（二）个人仪容

（1）面部清洁，经常梳洗头发，不要有头屑，发型大方，不使用浓烈气味的发乳及香水。

（2）可化淡妆，不要浓妆艳抹。

（3）经常洗澡、勤换内衣、勤剪指甲和脚趾甲且保持洁净。

（4）去过洗手间后，切记要洗手。

（5）鞋要保持光亮整洁。

（6）切忌在他人或食物跟前打喷嚏、咳嗽。

（7）不吃异味食品，饭后漱口，保持口腔清洁，无异味。

（8）保持微笑服务，表情和蔼可亲。

（9）起床后应精神饱满，不要无精打采。

（10）着装简单、大方、得体，忌过分裸露、忌过分透露、忌过分紧身、忌过分艳丽。

（三）接电话礼仪

（1）接听及时。听到电话铃声应立即停下手中的工作去接听，一般不要让电话铃响超过3遍。如果电话铃响超过了3遍后应首先向对方道歉："对不起，让您久等了"。

（2）拿起电话机后首先应说："您好，这是××的家"，然后再询问对方要联系的人和来电的意图等。

（3）有礼貌地请被叫的人来接听电话，若被叫者不在，应做好记录，等其回来后立即告知。电话交流时要认真理解对方的意图，必要时要对通话内容重复一遍请对方确认，以防误解。

（4）电话内容讲完，应等对方结束谈话再以"再见"为结束语。对方放下话筒之后，自己再轻轻放下，以示对对方的尊敬。

（四）就餐礼仪

（1）洗手、仪容整洁，无乱发、指甲短而平，无污垢。

（2）铺好桌布，碗、碟、筷等摆放正确到位。

（3）端菜和饭的姿势要安全，切记不要触碰到任何食物。

（4）请雇主用餐：先生、太太（爷爷、奶奶）晚餐已准备好，现在就可以用餐了。

（5）告诉雇主今天的菜是什么菜，询问合不合口味，如果不合口味下次尽量改进。

（6）自己要轻落座，喝汤、吃饭时不能发出声音，夹菜时筷子不能伸到雇主面前，上菜时有剩菜放到自己面前，最好主动放一双公筷夹菜。

（7）看到雇主碗空时问："请问是否再来一碗饭（或汤）"，忌说"要不要饭"。

（8）饭后收拾碗筷要轻拿轻放，不要雇主一家都吃好了，你一个人还在吃（除非有幼儿的家庭，一定要主动先喂幼儿后再自己吃）。

（9）忌当客人的面备餐，或问主人饭菜特点和丰盛的程度等。

（五）生活细节及其他礼仪

1.家政日常生活“十不要”

（1）不要轻易到邻居家去串门，即便有时必须去，也应事先取得雇主同意。

（2）不要故意引人注目，喧宾夺主，也不要畏畏缩缩，自卑自贱。

（3）不要对别人的事过分好奇，再三打听，刨根问底，更不要去触犯别人的忌讳。

（4）不要搬弄是非，传播流言蜚语。

（5）不能要求旁人都合自己的脾气，需知你脾气也并不合每一个人，应学会宽容。

（6）不要服饰不整、肮脏、身上有异味，同样，服饰过于华丽、轻佻也会惹得旁人不快。

（7）不要毫不遮掩的咳嗽、打嗝、吐痰等，不要当众整理、修饰容貌衣物等。

（8）不要长幼无序，礼节应有度。

（9）不要不辞而别，离开时，应向雇主告辞，表示谢意。

（10）做错了事情要如实地讲，以后注意纠正。

2.家政服务员应注意的生活细节

（1）忌乱动雇主家人的贵重物品。

（2）忌背着雇主找吃的。

（3）忌偷听雇主说话，来了客人招待后应主动回避，家庭成员议论的事不参与、不传话。

（4）不要带外人、老乡到雇主家。

（5）雇主房间门关闭时，进屋要先敲门。

（6）摆放物品要有条有理，轻拿轻放。

（7）除了夜晚，平常不锁自己住的房门。

（8）购买东西一定要钱物相符，一定要记账。

（9）不要和邻居议论雇主家事。

（10）不要和小区内其他家政服务人员议论家长里短。

（六）如何接待来访者

（1）有客来访，如果是事先约定，就应做好迎客的各种准备，如个人仪容仪表，居室卫生，招待客人用的茶具、烟具以及水果、点心等。

（2）听到敲门声，要迅速应答。对于不熟悉的来访者要问清来访者的姓名及来访目的等。确定安全之后，再开门迎客。

（3）客人进来时，要面带微笑向客人礼貌问候，并把客人带进客厅，热情招呼客人落座。

（4）待客人坐下后，应为其敬茶、递烟或端上其他食品。给客人送茶或饮品，要放在托盘中，用双手放在客人面前的茶几上；上茶时，先宾后主，轻声说：请用茶；一般应用双手，一手执杯柄，一手托杯底，向客人敬茶。

（5）当雇主与客人交谈时，则应回避。

（6）雇主不在家时，如果客人是雇主交代好的亲戚、客人，可向客人说明雇主不在，应为其敬茶或递上其他食品或拿出一些杂志给客人浏览，不将客人撇在一边，只顾自己看电视或做家务；如果是陌生人不能随意开门，应让其留下电话或名片，并问清有什么事，可代为向雇主转达。

四、体态

（一）站姿

站立应挺直、舒展、收腹，眼睛平视前方，嘴微闭，手臂自然下垂。这样的站姿给人一种端正、庄重、稳定、精神抖擞、朝气蓬勃的感觉。站立时要尽量避免歪脖、斜腰、屈腿，尤其是撅臀、挺腹。这样的形体动作会给人留下轻浮、缺乏教养的印象。

（二）坐姿

入坐时动作应轻而缓，从容自如，轻松自然。不可随意拖拉椅凳，身体不要前后左右摆动。背部要与椅背平行，并膝或小腿交叉端坐，给人以庄重、矜持的感觉。双手放于膝盖上，不可两腿分开。

（三）走姿

与雇主或长者一起行走时，应让雇主或长者走在前面，并排而行时，让他们走在里侧。走时应尽量避免步子太大或太小，步子太大，不雅观，步子太小显得拘谨。身体不要左右摆动，那样会给人一种轻佻、缺少教养的印象。也不要将双手插入裤袋或反背于背后。

（四）目光

目光要温和，忌讳歪目而视。如果是在一两米的近距离范围内，扫视别人的目光不能超过3秒钟，否则别人就会产生疑心或反感。

（五）手势

家政服务员应该避免以下几种错误手势。

（1）指指点点。在工作中，家政服务员不要用手指对着别人指指点点。

（2）随意摆手。不要随便向对方摆手。这些动作是拒绝别人或极不耐烦之意。

（3）端起双臂。端起双臂这一姿势，往往给人傲慢无礼或置身事外看别人笑话的感觉。

（4）抚弄手指。反复抚弄自己的手指，有种恐惧或神经质的感觉。

（5）手插口袋。有心不在焉的感觉。

（6）搔首弄姿。令人觉得不正经。

（7）抚摸身体。当众搔头、挖鼻、剔牙、抓痒、抠脚等都应坚决避免。

五、如何处理服务关系

（1）初到雇主家，如身上带有较多现金或贵重物品，应主动告知雇主，以免日后发生误会。

（2）要了解雇主成员的习惯、口味、生活特点及其他要求。

（3）不懂要勤问、勤学、勤记，不要不懂装懂，不会不要蛮干。

（4）贵重物品不要乱动，物品摆放位置要有条理，不要乱放。做错了事要及时讲明，以后改正，不要隐瞒。

（5）不要刚到雇主家就不停打电话。

（6）雇主家私事不要问，不乱插话，不传闲话，不偷听。不要对外人讲雇主家的事。

（7）购买东西记账、报账，不准谎报、虚报。

（8）吃饭时要吃饱，不要背着人找吃的。

（9）有事要请假，记住雇主家的方位、周围的标志。

（10）入乡随俗，尽快了解雇主家老人、小孩的生活方式、习惯、称呼、忌讳等。

六、处理好与雇主之间的关系

（一）男性雇主

当面对男性雇主时，应该在尊重他们的同时注意自己要自重。在服务男性雇主的时候，首先自己的态度要端正。只有自己心端行正，认真工作，才能赢得雇主的尊重。除了以端庄娴静的优良品质和勤勤恳恳、兢兢业业的服务态度赢得男性雇主的信任和尊重外，还要注意和男性雇主保持适当距离，既不能走得太远，又不能走得太近。

（二）女性雇主

面对女性雇主时，应该真诚相待，心态平和。和女性雇主相处时，一是说清来历，让其有安全感，最好的办法是出示自己所在地区的证明及身份证；二是要会说话，让她有亲切感。同时，要处理好与她先生的关系，照料好她的孩子，用实际行动使对方相信自己。

（三）雇主孩子

当面对雇主孩子时，要关心呵护。在与孩子相处的过程中，千万不能因为对方年纪小就存在轻视之心。对孩子要有爱，只有把孩子当作自己的亲人，甚至当成自己的孩子对待，才会对其无微不至地关怀。

（四）老人

面对老人时，要尊重、细心。家政服务员首先要从内心把对方视为自己的家人，诚心尊重、真心服务、热心问候、虚心请教。有的病人、老人会有寂寞感，喜欢与人说话，此时家政服务员要善解人意，耐心地与其聊天、解闷增趣。人老之后，很忌讳“老、病、死”等字眼，因此在言谈中要尽量回避，让病人、老人尽量保持舒畅的心情。

（五）挑剔的雇主

对于爱挑剔的雇主，要尽量把事情做到无可挑剔的程度。如果雇主对其家人一样挑剔，家政服务员就不要为此猜疑。雇主爱挑剔的工作，家政服务员可以在做之前耐心向其请教指导，做完后向其汇报。当雇主挑剔过分时，家政服务员也不要急于发作，可以说："很抱歉！""对不起！"等客气话，待其心情平静后，再心平气和地解释。

牢记要点

1. 无论在家或在外，均应保持干净、整洁、清爽的个人形象。
2. 忌当客人的面询问主人饭菜特点和丰盛的程度。
3. 不要带外人、老乡到雇主家。
4. 买东西要记账、报账，不准谎报、虚报。

常识02 安全知识

学习目标：

1. 了解家庭防火、防盗应注意的事项。
2. 掌握灭火方法和逃生自救常识。
3. 掌握家庭意外情况的处理方法（见图2-2）。

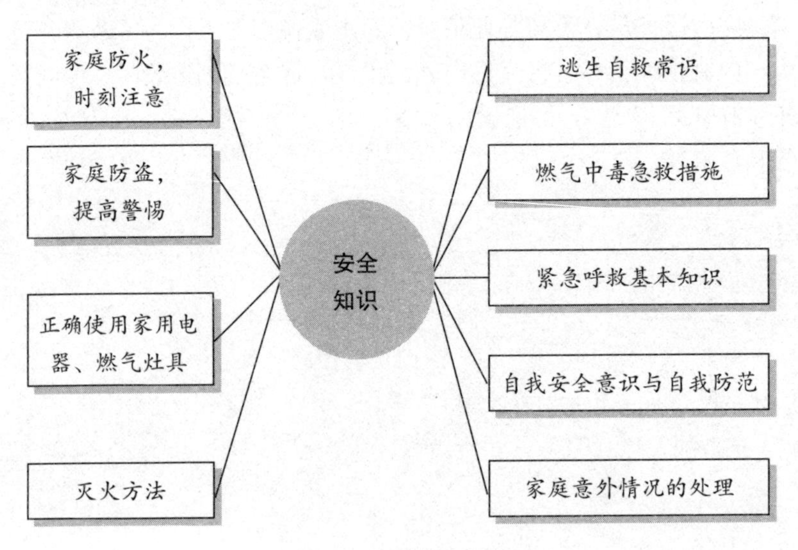

图2-2　家庭安全知识

一、家庭防火，时刻注意

（1）禁止将未熄灭的烟头、未燃尽的炉火等倒进垃圾桶或垃圾通道里。

（2）做饭或烧水时火不宜太大，不要随意离开，做完饭不用火源时，一定要关好燃气灶开关及煤气罐阀门，防止燃气泄漏引起火灾或中毒。

（3）油锅起火时，禁用水泼，应立即盖上锅盖，或用湿布盖在起火油锅上，并立即关闭气源开关。

（4）点蜡烛、蚊香时应放在盆、碟中，一定要远离易燃物品（如衣物、床铺、家具等）。

（5）火柴、打火机放在儿童拿不到的地方，以防小孩玩火引起火灾。

（6）酒精火锅燃烧中，绝不能添加酒精，电炉、电气设备要防止线路、插头（座）破损。

二、家庭防盗，提高警惕

（1）家政服务员一个人在家时，如有陌生人来访，应首先问清来人身份并与雇主电话核实，如未明确交代，不予开门。

（2）工作完毕外出时应关好门窗，检查门锁是否锁定。

（3）不管家中人多人少，都不宜开大门。

（4）雇主不在家时客人来访，家政服务员不得离开雇主家，以免发生意外情况。

（5）未经雇主同意，不能把自己的亲戚朋友带入雇主家中。

（6）应注意：盗贼的作案时间，发案率最高的一般有三个时间段：上午9:00 ~ 11:00，下午1:00 ~ 4:00，晚上后半夜12:00 ~ 5:00。作案的地点，居民新楼区较多。作案的方式：从房门进入，从窗进入，爬阳台进入，或采用跟踪入室、强行入室、欺骗入室等手段作案。

三、正确使用家用电器、燃气灶具

做家政服务工作，一定要懂得各种家用电器以及天然气、煤气的使用常识，要用心操作，不可粗心大意，一旦家用电器、电线、插头、燃气管阀出现问题，一定要告诉雇主并及时修理维护。

（一）安全用电

（1）千万不要把电线直接插入插座，需接好插头再插入。

（2）插座不能过载，单一插座，禁插多个插头。

（3）拔掉电器插头时不准用手指的任何部位接触插头的金属部位。

（4）禁用拖线法拔掉电线或插头。

（5）沾水的电线、电器，不准在未干透的情况下通电使用。

（6）电线绝缘老化、破损，不准继续使用，应及时告知雇主，进行更换。

（二）正确使用家用电器

（1）详细阅读家电使用说明书。

（2）电器使用完毕，立即关掉电器开关，拔掉插头，不要带电放置。

（3）电器出现故障，立即切断电源。

（4）严禁在通电的情况下移动电器。

（三）避免在清洁电器时发生意外

（1）详细阅读家电使用说明书，掌握清洁家电的正确方法。

（2）切断电源再进行电器清洁。

（3）用专用干抹布清洁，不能把水渗入到电器内部。

（4）在清洁过程中，注意小心谨慎地操作。

（四）正确使用家庭燃气设备

（1）气罐必须与地面垂直，不能斜置、倒卧。气罐要与灶具分开，远离火种和暖气，不能暴晒和火烤。

（2）气罐与燃气灶的连接胶管必须使用指定的专用胶管，长度不得超过2米，胶管两端必须用金属平箍扎紧。

（3）经常检查气瓶和灶具是否漏气，检查阀门是否关严，胶管有无老化、开裂；气瓶有无破裂。

（4）燃气管线、阀门、计量表具等设备，严禁擅自更改、拆卸迁移，如需维修，应由供气所在单位专人负责。

（5）为安全起见，每天临睡前、外出前和使用后，都要检查气阀等是否正确关闭。

四、灭火方法

（一）液化石油气罐的灭火方法

（1）采取断气灭火。如果仅仅是罐瓶失火，并没有引燃其他物品，可迅速将抹布、毛巾或者围裙等用水沾湿盖住煤气瓶的护栏，立即关闭阀门。

（2）先灭火、后断气。如遇到阀未安好跑气或胶管断裂跑气起火，除上述先断气再灭火的方法外，还可以采取先灭火后断气的方法，就是用厚的湿抹布或灭火器灭火，待火焰灭后立即关掉阀门。但一定要注意：要先灭火后断气、室内气体浓度较高，要打开门、窗通风；不要动火或开闭电灯，防止复燃。

（3）冷却转移法。当室内充满烟雾、火势很大、视线不清时，要边补救边寻找煤气瓶，但要小心，不要把煤气钢瓶碰倒，否则液体流出会扩大火势，找到钢瓶后要迅速用水冷却，并采取果断措施关闭阀门，转移到安全地点，防止高温烘烤使煤气瓶爆炸伤人。

（二）烹饪时油锅起火的灭火方法

（1）不可以用水来灭火，可用灭火器灭火。

（2）可盖上锅盖后再用湿毛巾覆盖，隔绝空气来灭火。

（3）迅速关闭燃气来源开关。

（三）衣物着火时的灭火方法

衣服着火时，最好脱下着火的衣物，或就地卧倒，用手覆盖住脸部并翻滚压熄火焰；或者跳入就近的水池，将火熄灭。

（四）使用干粉灭火器的方法

（1）将安全栓拉开。
（2）将皮管朝向火点。
（3）用力压下把手，选择上风位置接近火点，将干粉射入火焰基部。
（4）熄灭后以水冷却除烟。

五、逃生自救常识

家政服务员应该掌握逃生自救常识，其具体内容如下。
（1）火灾袭来时要迅速逃生，不要贪恋财物。
（2）平时就要了解掌握火灾逃生的基本方法，熟悉几条逃生路线。
（3）受到火势威胁时，要当机立断披上浸湿的衣物、被褥等冲向安全出口。
（4）穿过浓烟逃生时，要尽量使身体贴近地面，并用湿毛巾捂住口鼻。
（5）遇火灾不可乘坐电梯，要向安全出口方向逃生。
（6）室外着火，门已发烫时，千万不要开门，以防大火蹿入室内，要用浸湿的被褥、衣物等堵塞门窗缝，并泼水降温。
（7）若所有逃生线路被大火封锁，要立即退回室内，并用打手电筒、挥舞衣物、呼救等方式向外发送求救信号，等待救援。
（8）千万不要盲目跳楼，可利用疏散楼梯、阳台、落水管等逃生自救，也可用绳子或把床单、被套撕成条状连成绳索，紧拴在窗框、暖气管、铁栏杆等固定物上，用毛巾、布条等保护手心，顺绳滑下，或下到未着火的楼层脱离险境。

六、煤气中毒急救措施

（1）发现有人煤气中毒时，立即打开门窗，并将中毒者转移到通风、温暖的环境中。
（2）中毒轻者，在空气流通的地方休息一段时间，症状会逐渐消失，然后根据情况就医；中毒重者，应马上进行抢救并拨打“120”急救电话。

七、紧急呼救基本知识

（1）无论哪一种紧急事件发生，均应立即拨打相应的紧急呼救电话，并在电话中告知对方发生的地点、时间、事件情况概要和与你联系的方法。

（2）有火情发生时应立即拨打电话“119”；有违法事件时应立即拨打电话“110”；有交通事故时应立即拨打电话“122”；有危重病时应立即拨打电话“120”。

（3）若家政服务员发出的紧急呼救内容是雇主家中的事，在发出呼救的同时应立即将事件的情况通知雇主家人或亲属，同时通知所在家政公司，争取得到相应的帮助。

（4）当台风、暴雨来临时要及时关闭门窗，以防发生意外；禁止高空抛物，阳台禁止摆放、晾晒危险物品，以防意外。

八、自我安全意识与自我防范

（一）女性的安全防范

（1）单独外出时，要尽量在人较多的大路上行走，晚上不要外出，如外出，需有人陪同。

（2）严禁搭乘陌生人的车辆。

（3）遇陌生人问路时，不要带他走；向陌生男人问路后，不要跟他走；如发现有人尾随，要设法摆脱。夜间尽量走在马路中间。

（4）如遇坏人，不能过于紧张，在人多的地方，要高声呼救；在无人之处，要冷静与其周旋，想方设法摆脱困境。

（5）有事早出门，无事早回家，走路要快，不要在路上漫无目的的闲逛。

（6）如不幸遇险，应及时拨打“110”电话。

（二）防止受骗

（1）出门在外，不要轻易相信任何人的甜言蜜语，特别是不认识的老乡，防止上当受骗。

（2）在公共场所，有素不相识的人热情为你介绍工作、搭话等，千万不要相信，不与不相识的人乱拉关系。

（3）不要贪小便宜，不被金钱和所谓的体面工作所诱惑，防止落入圈套（调包计、麻醉抢劫、诈骗、拐卖等）。

九、家庭意外情况的处理

居家生活随时可能发生意想不到的事情。因此家政服务员遇事时，一定不要慌张，要有条不紊地处理（见表2-1）。

表2-1　家庭意外情况的处理

序号	意外情况	处理方式
1	水管破裂	先关总闸门，检查破损位置；自己无法解决的可通知物业部门修理或请专业人员修理
2	水道堵塞、返水	先停止用水，将返水口堵塞后，再查找原因。能自己处理的，要尽快疏通；自己无法解决的，应找物业部门或请专业人员修理
3	老人或小孩被反锁在家	这种情况下，如果自己也没有带钥匙或即使带了钥匙也无法打开，可立即与雇主联系；也可请邻居、物业部门帮忙或拨打110电话请求帮忙
4	意外触电	触电的症状有麻木、抽搐、烧伤、休克、死亡等。如果家中有人不幸触电，应保持冷静、不要紧张，并按如下程序进行处理： （1）力争第一时间关闭电源 （2）用干燥绝缘的物品（如干燥的衣物、棍棒等）把触电者与带电部位分开，严禁用手直接去拉触电者，以免导电，造成自身伤亡 （3）触电者心跳与呼吸突然停止，应立即进行心脏按压或人工呼吸，力争在第一时间抢救，同时拨打120急救电话 （4）对触电者烧伤的皮肤部位不要接触，应立即送往医院处理

牢记要点

1.油锅起火时，禁用水泼，立即盖上锅盖，或用湿布盖在起火油锅上，并立即关闭气源开关。

2.电器出现故障，立即切断电源。

3.严禁在通电的情况下移动电器。

4.穿过浓烟逃生时，要尽量使身贴近地面，并用湿毛巾捂住口鼻。

5.发现有人中毒时，立即打开门窗，并将中毒者转移到通风、温暖的环境中。

6.有人不幸触电，用干燥、绝缘的物品把触电者与带电部分分开，严禁用手直接去接触电者，以免导电，造成自身伤亡。

- 技能01　食材采购与记账
- 技能02　主食制作
- 技能03　家庭菜肴制作
- 技能04　家用电器的使用与保养
- 技能05　家庭清洁卫生
- 技能06　衣物洗涤与收藏
- 技能07　宠物喂养与家庭绿化常识

食材采购与记账

学习目标：

1. 了解熟知食材采购的基本原则。
2. 掌握食材采购的要领（见图3-1）。

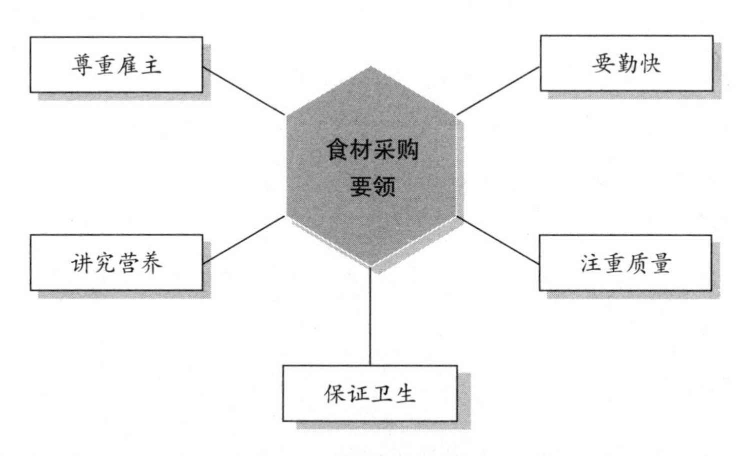

图3-1 食材采购的要领

一、食材采购的基本原则

（1）不要购买那些没有食品许可证的食物。

（2）不要光顾无牌照食铺和熟食小贩，应选择一些信誉良好的商场和超市。

（3）不要购买异常变质的食物。

（4）注意包装上的有效日期及储藏方法，不买过期食品。

（5）消费预算：在固定消费额内购买蔬菜，可利用一周金额灵活安排。

（6）分量预算：计算人数，不要浪费。

（7）要注意均衡营养。

（8）注意雇主的饮食习惯（是否有饮食忌讳），不要将自己的饮食习惯强加于人。

（9）不是当季的尽量不买，尤其是生果及蔬菜类。

二、食材采购要领

（一）要勤快

买菜购物应到大菜市场、农贸市场或大商场超市；但是，无论是去大菜市场、农贸市场还是大商场超市，想要买到合意的菜和物品，就应做到三勤。

1.脚勤

到哪里买，什么时间去买，买多还是买少，这些都应在事前有所了解，然后迈开你勤劳的双脚去选择且要做到货比三家。

2.嘴勤

无论购买何种物品均要经过询价、比价、议价的过程，其过程嘴的作用是很重要的。

3.眼勤

通过敏锐的双眼方能确定要买的物品的质量和性价比，只有性价比较高的物品方为上品。

（二）注重质量

购买物品时，无论物品的价格是高是低，首先应保证所购买的商品质量是好的；否则，虽然你购买的商品非常便宜，却无质量保证，最终吃亏的仍然是你。

相关知识

食材选择要领

1.鱼类

不可有异味；鱼眼要有光泽；腮要红；肉要有弹性，颜色鲜明；皮要湿润，无破烂；鱼鳞完整。

2.肉类

（1）牛肉颜色要深红，脂肪呈奶白色。

（2）猪肉颜色要浅粉红，脂肪白色、柔软。

（3）羊肉颜色要粉红，脂肪白色。

（4）家禽（如鸡、鸭）胸脯丰满、柔软，表面无瘀伤，腿部易弯曲，脂肪呈白到黄色。

（5）不可有异味。

（6）肉要湿润，有弹性。

（7）肉表面不要呈瘀色。

3. 蔬菜

（1）绿叶菜要青绿，叶要脆不可黄。

（2）花菜及生菜类：内部要实，不要购买外层被反复剥掉的。

（3）豆类：要饱满，没有皱纹。

（4）根茎类：要实，颜色鲜明，表皮没有污点。不要有大量泥土盖着。选购中等大小的。

（5）选购蔬菜要尽量合时节。

春季——适合蔬菜有菠菜、胡萝卜、白萝卜、黄瓜、番薯、香椿、韭菜。

夏季——适合蔬菜有冬瓜、苦瓜、丝瓜、芦笋、茭白、番茄、空心菜、茄子。

秋季——适合蔬菜有豆角、白扁豆、莲藕、白菜、扁豆。

冬季——适合蔬菜有胡萝卜、萝卜、白扁豆、芹菜、洋葱、菠菜、生菜、芋头、西洋菜、茼蒿、小白菜。

4. 冷藏食物

必须坚硬，不可有部分已解冻或复冻现象。

（三）保证卫生

无论购买何种物品都要充分考虑其本身是否环保、卫生；尤其是购买食品，干净、卫生是决定是否购买的第一要点；否则虽然你花钱很少，但购买回来的食品，卫生都无法保证，那还不如不买；一旦食用了不卫生的食品，就有可能给你、你的雇主及家人带来意想不到的严重问题。

（四）讲究营养

食品的价格并非与营养呈正比。一般情况下，颜色深的蔬菜营养价值较高，色浅的蔬菜营养价值较低。

（五）尊重雇主

在日常采购工作中，一定要按照雇主的意思去做，买什么、到哪里买、买多还是买少、买价高的还是买价廉的、到菜市场买还是去超市或大商场购买等这些问题，均须按照雇主的意思做。有问题时可以向雇主提建议，但首先必须尊重雇主的意见和要求。

三、账目要清楚

（一）处理单据及账目的要点

（1）购物时要保留单据，如超市的单据等，把所有单据清楚地整理交给雇主。若自己要买东西，同时也要替雇主买东西，必须分单计算，以免混淆账目。所有余款及单据尽量亲手交给雇主，也要当面点明，以免误会。

（2）若要替雇主购买一些之前没有声明的物品，必须考虑其必要性，若真的有需要，最好事前询问雇主意见，尽量不要自行决定，特别是一些价钱贵的物品。

（3）若要定期替雇主购物（如买菜及生活日用品），必须事前与雇主协商收支安排。例如：雇主怎样交钱给你，多久一次，余款怎样处理等。

（4）可以自行制作一些账目处理表，自己一份，也给雇主一份，清楚地记录所有收支。

（二）记账举例

日常开支记账一般采用“现金日记账”的格式，基本结构为“收入”“支出”“结余”三栏（见表3-1）。

记账时要注意如下几点。

（1）要养成每天记账的习惯，不然会漏记或忘记。

（2）每天的开支除了记总数，还要详细记录所买物品的具体名称数量，不要笼统地记肉类、菜类，要让雇主看得清楚。

表3-1　采购记账单

年		采购物品内容			收入	支出	结余
月	日	品名	数量	价格			
6	1				1000.00		
6	1	鸡 鱼 蔬菜 酱油	1只 1条 400克 1瓶	28.50 12.80 3.60 6.20		51.10	948.90
合计					1000.00		

特别提示：▶▶▶

每天应将采购日常用品的收付款项逐笔登记，并结出余额，同实存现金相核对，借以检查每天现金的收、付、存情况。

（3）每天的开支都尽可能控制在预定数额，不能超支。既要按计划，又要保证伙食的营养质量。

（4）每到周末，要主动把账单交给雇主看，对一周来的账目做一个小结，同时为下周的开支做好准备。

牢记要点

1.购买物品时，无论物品的价格是高是低，首先保证购买的商品质量是好的。

2.若自己要购买东西，同时也要替雇主买东西，必须分单计算，以免混淆账目。

3.购买物品时要保留单据。

技能02 主食制作

学习目标：

1. 了解和熟知主食的制作步骤。
2. 掌握主食的制作方法和要领（见图3-2）。

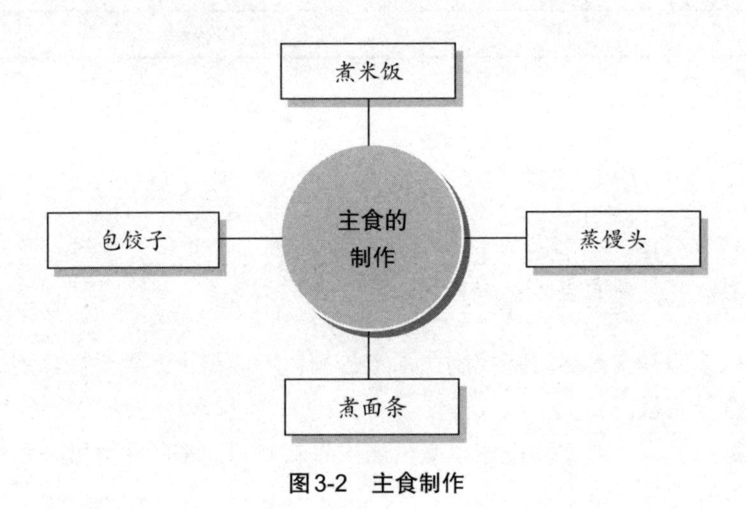

图3-2　主食制作

一、煮米饭

（一）煮米饭的基本要领

（1）刚做熟的米饭不要急于揭开锅盖，在关火后再焖5分钟左右，使水分能够均匀散布在米粒之间吃起来口感更好。

（2）用高压锅做饭。做出的米饭、面食的“老化”时间可延迟。

（3）剩饭重新蒸煮，可往饭锅水里放点食盐，吃时口感更好一点。

（二）米饭夹生的补救方法

（1）若全部夹生，可用筷子在饭内扎些直通锅底的小孔，加适量温水重焖。

（2）如为局部夹生，就在夹生处扎眼，加点水再焖一下。

（3）表层夹生，可将表层翻到中间加水再焖。如在饭中加两三小勺米酒拌匀再蒸，也可消除夹生。

（三）去除米饭煳焦味

米饭不小心烧煳以后，不要搅动它，把饭锅放置潮湿处10分钟，烟熏气味就没有了。也可把一小节葱段插入串烟的饭锅，再盖上锅盖焖一会儿，串烟味就会消失一些。

（四）煮米饭不粘锅底

在米饭已经成型但还没完全熟的时候用筷子在米饭上戳几个洞（到底）然后在上面淋点凉水。用电饭锅煮的话，等米饭熟了先不要开锅，断电焖上10分钟左右就不粘锅了。

二、蒸馒头

（一）和面和发面

（1）洗净双手与和面盆。

（2）用碗盛适量白面，放入适量酵母粉，也可添加少许玉米面，一边少量多次加水，一边用另一只手搅拌。手用力扶面盆边沿，一只手用手背发力蹭盆子的边沿，直到盆边无黏着的面为止。

（3）搓双手，至双手无黏着面为止。

（4）双手用压手腕的力量挤压面块，反复倒腾，至面块柔软光滑。

（5）盖好和面盆，防止上面的面干燥。

（6）放置向阳的或温暖的地方发至两倍大待用，发面的时间可以做其他的家务。（和面注意三光：盆光、手光、面光，一般15分钟可完成。）

相关知识

发面的窍门

1.巧配发酵剂

如果你事先没有发面而又急于吃馒头，可用500克面粉加10克食醋、350克温水的比例发面，将其拌匀，发15分钟左右，再加小苏打约5克，揉到没有酸味为止。这样发面，蒸出的馒头又白又大。

2. 用鲜酵母发面

将面粉用温水和好，再将化匀了的鲜酵母液倒入，把面揉匀后，放入盛器内令其自然发酵（天冷时可将盛器放在暖气旁边）。面发至两倍大，向上拉成条状，即为发面。一般1 ~ 5千克面粉用一块鲜酵母即可。若要加快发酵过程，再加大鲜酵母用量。如发好的面酸味过重，可略加小苏打或碱水。

3. 用酒加快发面

如果面还没有发好又急于蒸馒头时，可在面块上按一个坑窝，倒入少量白酒，用湿布捂几分钟即可发起。若仍发得不理想，可在馒头上屉后，在蒸锅中间放一小杯白酒，这样蒸出的馒头照样松软好吃。

4. 冬天用糖发面

冷天用发酵粉发面，加上一些白糖，可缩短发酵时间，效果更好。

5. 以盐代碱发面

发好面后，以盐代碱揉面（每500克面放5克盐），既能去除发面的酸味，又可防止馒头发黄。

（二）做馒头

（1）整理面板，平整，干净干燥，案板上放底面。

（2）把发好的面连同面盆一起端上面板，把面倒在案子上，用手抓少量干面蹭面盆内底至干净为止，蹭下来的面与大块面放在一起。

（3）把面揉成长条状，左手把面块右头，以手四个指头并排的宽度为准，左手左移，剁下一块，依次左移，不要伤着手。

（4）码好一块块面块，这时已成馒头的样子，注意用布盖好，放置两三分钟。

（三）蒸馒头

1. 步骤

（1）在醒馒头的同时，可做锅的整理。如在锅里放入适量的冷水，放箅子和蒸笼布，蒸笼布平整放在箅子上。

（2）把馒头放入整理好的�子上，盖好锅盖。馒头放入蒸笼时，应将蒸笼布打湿，一般蒸熟的馒头与蒸笼布粘在一起，这是因为蒸笼布太干的缘故。

（3）上火烧，根据馒头的大小，掌握时间25分钟或30分钟。

（4）关火，等待一小会儿，可以开锅了。

相关知识

蒸馒头判断生熟的方法

判断蒸馒头生熟的方法如下。

（1）用手轻拍馒头，有弹性即熟。

（2）撕一块馒头的表皮，如能揭开皮即熟，否则未熟。

（3）手指轻按馒头后，凹坑很快平复的为熟馒头；凹陷下去不复原的，说明还没蒸熟。

2.注意事项

（1）笼屉与锅口相接处不能漏气，有漏气处须用湿布堵严。用铝锅蒸时锅盖要盖紧。

（2）蒸馒头时，锅内须用冷水，逐渐升温，使馒头坯均匀受热。切忌图快一开始就用热水或开水蒸馒头，因这样蒸制的馒头容易夹生。

（3）馒头蒸熟后不要急于卸笼，先把笼屉上盖揭开，再继续蒸3 ~ 5分钟，最上层一屉馒头皮很快就会干结，再把它卸下来翻扣到案板上，取下蒸笼布。这时的馒头既不粘蒸笼布，也不粘案板。稍等1分钟再卸下第二屉，依次卸完。这样，馒头光净卫生，又不浪费。

（四）馒头碱重补救

如果碱多了，蒸出来的馒头就发黄、不好吃，补救的方法如下。

（1）碱稍多一点，可推迟一下再蒸，让其“缓醒”。

（2）馒头出笼黄了，可向锅里水中倒微量醋，再将蒸黄的馒头用慢火蒸十几分钟，碱遇酸逐渐挥发后，馒头就会变白，而且没有酸味。

（五）怎样巧炸馒头

准备一碗凉水，把切好的馒头片放在里面，快速用水浸透后，立即一片一片放入烧热了的油锅里炸。这样炸出来的馒头颜色金黄，外脆里嫩。趁热撒上白糖或精盐，吃起来脆香可口。

三、煮面条

（一）煮挂面和干切面

（1）煮挂面时不要用大火。因为挂面本身很干，如果用大火煮，水太热，面条表面易形成黏膜，煮成烂糊面。

（2）煮挂面时不应当等水沸腾了再下挂面，而应在锅底里有小气泡往上冒时下挂面，然后搅动几下，盖好盖，等锅内水开了再适量添些凉水，等水沸了即熟。

（3）中火煮时，随开随点些凉水，使面条均匀受热。

（二）煮湿切面和自己擀的面条

（1）需水大开时下面，然后用筷子向上挑几下，以防面条粘连。

（2）用旺火煮开，每开锅一次点一次水，一般点两次水，就可以出锅。

（3）煮湿面一定要注意用旺火，否则温度不够高，面条表面不易形成黏膜，面条就会溶化在水里。

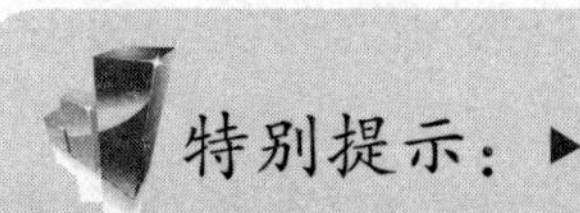

特别提示：▶▶▶

煮面条时，待水开后先加少许盐，再下面条，即便煮的时间长些也不会黏糊。

四、包饺子

（一）包饺子

1.和面

（1）温开水一杯，水里放些许盐，面粉里放鸡蛋。

（2）水要徐徐地倒入盆中，筷子不停地搅动，感觉没有干面粉，都成面疙瘩的时候，就可以下手和面了，揉面要用力，揉到面的表面很光滑就好了，这时面光、盆光、手光是最佳境界。

2. 剁、拌肉馅

如果四个人吃，大约一斤肉馅就可以了。馅里根据口味放盐、味精、姜末、酱油、料酒、香油、水（高汤最好），还可以加点胡椒粉，具体可根据雇主家的口味来加。顺时针搅拌，感觉所有的东西都融合在一起即可。

3. 剁菜

选择你喜欢的蔬菜，一般用大白菜加些许韭菜。韭菜切成小粒，大白菜要剁碎后用纱布把水挤干。和韭菜一起放入肉中搅拌，最好尝一尝味道咸淡，饺子馅就做好了。

4. 调馅

调馅时，如果全用肉馅，要注意往肉馅里“打”水。此时应注意：水要慢慢加，并且边加边用筷子朝一个方向搅动。若馅里的瘦肉多，可多放些水，肥肉多要少放水；加入葱花、酱油、姜末、味精等调匀，最后才放盐；如果用肉菜馅，蔬菜最好用生的，防止维生素流失；蔬菜剁好后如果有汤，可轻微挤一挤，以防包饺子时渗出；剁好的菜和肉馅放到一起后，不要多搅，搅多了也会出汤；出汤后，可掺些干面，冬天也可拿到室外冷一冷，油脂一凝就稠了。

5. 揪面团

（1）取出醒好的面团，大致分成四份（几份都可以，只要是等份），这样可以避免包的过程面干。

（2）先拿一份，剩下的放回盆中，用盖子盖好，或者用布盖也行，防止水分蒸发。

（3）将这一小份面团，揉成长条状（圆柱形），用刀切成小段（宽度2.5厘米大小），也可用手揪。用刀切时，要注意每切一刀后将面团转个方向为好。

6. 擀皮

拿擀面杖擀皮的时候，注意中间厚边缘薄，中间厚防止饺子馅漏，边缘薄吃起来口感好。饺子皮不要一下擀很多，看包饺子的速度，一般富余五六个即可，要不时间长皮干了就不好包了。

7. 包饺子

（1）将饺子馅放入皮中央，如果技术不熟练的话，不要放太多馅。

（2）先捏中央，再捏两边，然后由中间向两边将饺子皮边缘挤一下，这样饺子下锅煮时就不会漏汤了。

（3）找个大盘子，北方人一般用盖帘（竹子做的），将包好的饺子整齐地码放在上面。

（二）煮饺子

（1）煮饺子的水要多，可加适量盐，增加饺子皮的耐煮力。

（2）水沸了才放饺子下锅，煮的过程中要不时充分搅拌，以防止饺子粘锅。

（3）不要让水沸腾得太厉害，否则饺子容易破掉，可在水开后，加入少许凉水，待水开后再加凉水，如此反复两三次便可。

（4）煮速冻饺子要观察饺子的形态，饺子下锅后会慢慢变软，如果饺子漂浮在水面上，饺子皮凹凸不平，则表示饺子已熟。

（5）速冻饺子冻的时间太长，饺子皮的水分会蒸发掉，饺子不容易煮熟，还会有点夹生，不宜用大火猛煮，要用中小火慢慢煮透饺子。

牢记要点

1.刚做熟的米饭不要急于揭开锅盖，在关火后再焖5分钟左右，使水分能均匀散布在米粒之间吃起来口感更好。

2.蒸馒头时，锅内须用冷水加热，逐渐升温，使馒头坯均匀受热。

3.煮挂面时不要用大火。

4.擀饺子面皮时，注意中间厚两边薄。

5.煮饺子时水要多，要加适量盐，可增加饺子皮的耐煮力。

6.和好的面团要保持一定的温度，以30℃为宜。

技能03 家庭菜肴制作

学习目标：

1. 了解切菜的方法和技巧。
2. 熟知热菜、凉菜的制作方法和煲汤的技法（见图3-3）。
3. 掌握家庭配餐的原则。

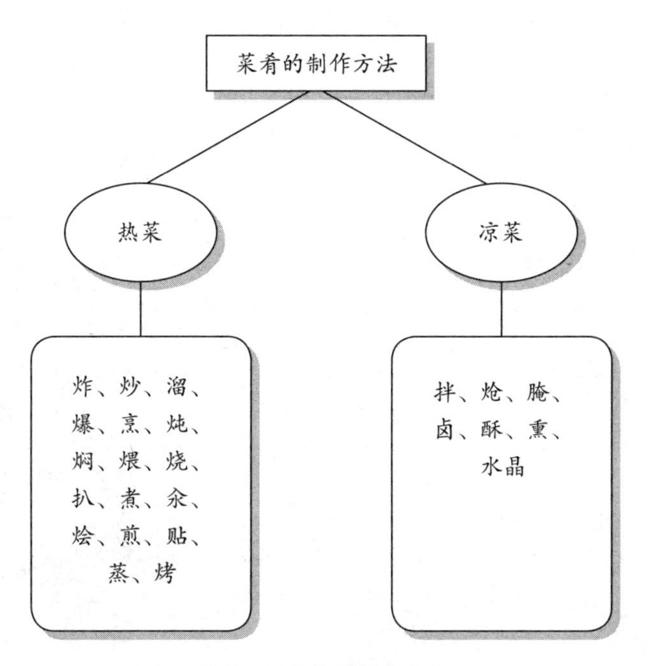

图3-3 菜肴的制作方法

一、初步加工

对原料初步加工，是切配和烹制的预备工序，包括宰杀、择剔、剖剥、拆卸、泡发、洗涤等。例如：首先要整洗蔬菜，先洗后切。如果洗之前就把蔬菜切好了，蔬菜中的可溶性维生素和无机盐可能随水而损失掉。

二、刀法

刀法即用刀将原料加工成为各种形状的方法。掌握刀工技术，先要学会刀法；精湛的刀工，在于熟练地掌握和运用各种刀法。

在制作菜肴的切制过程中，根据原料的性质和烹调要求，可分为直切、推切、拉切、锯切、铡切、滚刀切六种方法（见表3-2）。

表3-2　刀法

序号	刀法	说明	配图
1	直切	又叫直刀切，一般是切脆嫩性的原料。直切是刀切下去垂直，既不是向前推，也不是向后拉，而是笔直地从上而下地切下去。例如：切冬笋、土豆、白菜等一般用直切	
2	推切	有些原料若用直切，容易断裂，可用推切。推切是切时不是垂直向下，而是由后向前地推下去，要一刀推到底，不要拉回来。例如：切猪腿肉、酸菜，一般用推切	
3	拉切	拉切一般是切比较坚韧的原料，这些原料如用直切或推切均不易切断，所以要用拉切。拉切的刀法是：切时将刀由前向后拉下去。例如：切肉片一般用这种刀法。所以，厨师往往将切肉片叫拉肉片	
4	锯切	又叫推拉切。这种刀法一般切比较厚的有韧性的原料，这些原料往往不能一刀切到底，直切推切拉切均不能使其截然而断，所以要用锯切。锯切的刀法是：切时用力较小，落刀较慢，先向前推，再向后拉，这样一推一拉像拉锯一样，慢慢地切下去。例如：切火腿，白肉、面包等一般用锯切	

续表

序号	刀法	说明	配图
5	铡切	一般是切带壳的原料。铡切的刀法是：左手握刀背前端，右手持刀柄，提起刀柄，使刀柄高，刀尖低，按在带壳的原料上，然后用力将刀按下。例如：切螃蟹、咸鸭蛋一般用铡切	
6	滚刀切	一般是切圆形或椭圆形，而且有脆性的原料，主要是切块用。滚刀切的刀法是：左手拿住原料，右手持刀，刀尖稍微偏左，一面将刀直切下去，一面左手使原料向里滚动。切一刀，滚一次，根据滚刀的姿势和快慢决定切下去的块的形状。这种刀法可以切出多种多样的块。如：滚刀块、菱角块、木梳背等	

三、配菜

家政服务员在配菜时应注意数量、营养的搭配，其具体方法如下。

（一）数量的配合

无主辅料之分的菜肴，各种原料的数量基本相等。例如：爆三样是由肉、肚、腰三种原料构成，肉片、肚片、腰片在数量上就要大致相同。又如：烩全丁，一般是由鸡丁、肚丁、火腿丁、肉丁、腰丁、笋丁、海参丁等多种原料组成，其中每种原料在数量上也应大致相同。

有一些菜是由单一的原料构成，那就只要求按照一个菜的单位定额配制，而不存在主料、辅料在数量上配合的问题。

（二）营养成分的配合

菜肴中所含的营养成分，也是衡量菜肴质量的一个主要标准。因此，在配菜中对每个菜所用各种原料营养上的搭配，应当给予足够的重视，需要家政服务员在工作中不断研究和总结提高。例如：菠菜中含有草酸，吃之前最好提前焯一下水，可去除菠菜中90%的草酸。

四、热菜与凉菜的制作

（一）热菜的烹调方法

我国的菜肴品种虽然多至上万种，但其基本烹调方法则可归纳为炸、炒、溜、爆、烹、炖、焖、煨、烧、扒、氽、烩、煎、贴、蒸、烤等。以下逐一简要介绍（见表3-3）。

表3-3　热菜的烹调方法

序号	方法	操作说明
1	炸	炸是用旺火加热，以食油为传热介质进行烹调，特点是火力旺，用油多。用这种方法加热的原料大部分要间隔复炸一次。用于炸的原料加热前一般用调味品浸渍，加热后往往随带调味品
2	炒	炒是将加工成丁、丝、条、球等的小型原料投入油锅，在旺火上急速翻炒的一种烹调方法。此法使用最为广泛。操作时，一般先热锅，再下油。一般用旺火热油，但火力的大小和油温的高低要根据原料而定
3	溜	溜是先将原料用炸的方法加热成熟，然后调制卤汁淋于原料上，或将原料投入卤汁中搅拌的一种烹调方法。溜菜的原料需先加工成形，大都是块、丁、片、丝等
4	爆	爆是将脆性原料放入中等油量的油锅中，用旺火高油温快速加热的一种烹调方法。其特点是加热时间极短。爆制所采用的原料大多是本身质地具有一定脆性、无骨的小型原料，刀工处理必须厚薄、大小、粗细一致。除薄片外一般都须斩花刀
5	烹	烹是先将小型原料用旺火热油炸至呈黄色，再加入调料的一种烹调方法，故有“逢烹必炸”之说。此方法适用于加工成小型段、块及带有小骨、薄壳的原料，如明虾、鸡块、鱼条等。原料炸好后，沥去油，再入锅加入调味汁，颠翻几下即成
6	炖	炖是既类似蒸又类似煨的一种烹调方法，习惯上分为隔水炖和不隔水炖两种
7	焖	焖是将炸、煎、煸、炒或水煮的原料，加入酱油、糖等调味品和汤汁，用旺火烧开后再用小火长时间加热成熟的烹调方法。焖的特点是制品形态完整，不碎不裂，汁浓味厚，酥烂鲜醇
8	煨	煨是将经过炸、煎、煸、炒或水煮的原料放入陶制器皿，加葱、姜、酒等调味品和汤汁，用旺火烧开、小火长时间煮的烹调方法。制品特点是汤汁浓白，口味醇厚
9	烧	烧是将经过炸、煎、煸炒或水煮的原料，加适量的汤水和调味品，用旺火烧开，中小火烧透入味，旺火使卤汁稠浓的一种烹调方法

续表

序号	方法	操作说明
10	扒	扒是将经过初步熟加工的原料整齐地放入锅内，加汤汁和调味品，用旺火烧开，中小火烧透入味，旺火使卤汁稠浓的一种烹调方法
11	氽	氽是沸水下料，一滚即成的烹调方法。原料大多是小型的或加工成片、丝、条状和制成丸子的。一般是先将汤或水用旺火煮沸，再投料下锅，只调味，不勾芡，一滚即起锅
12	烩	烩是将加工成形的多种原料一起用旺火制成半汤半菜的菜肴的烹调方法。原料一般都要经过初步熟加工，也可配些生料
13	煎	煎是以少量油遍布锅底，用小火将原料煎熟并两面煎黄的烹调方法。有的最后烹入调味品，有的不用。适用于煎的原料，多为扁平状，或加工成茸
14	贴	贴与煎的烹调方法基本相同，但下锅后只煎一面。贴的原料一般是两种以上合贴在一起，而且必须用膘肉垫底，主料放在肥膘上面。贴的原料必须拌上调味料并挂糊
15	蒸	蒸是以蒸汽加热使经过调味的原料酥烂入味的烹调方法。它不仅用于蒸制菜肴，而且还用于原料的初步加热成熟或菜肴的回笼保温
16	烤	烤是生料经过腌渍或加工成半熟制品后，放入以柴、炭、煤或煤气为燃料的烤炉或红外线烤炉，利用辐射热能直接把原料烤熟的方法

（二）凉菜的制作方法

凉菜制作方法主要有拌、炝、酱、腌、卤、冻、酥、熏、腊、水晶等，这里简要介绍几种常用的方法（见表3-4）。

表3-4　凉菜的制作方法

序号	制作方法	操作说明
1	拌	将生料或熟料加工成丝、片、条、块等小块，再将调味品拌制的烹调方法
2	炝	炝是先把生原料切成丝、片、块、条等，用沸水稍烫一下，或用油稍滑一下，然后滤去水分或油分，加入以花椒油为主的调味品，最后进行掺拌
3	腌	将原料浸入调味卤汁中，或以调味品涂浸、拌和，以排除原料内部水分，使原料入味的方法
4	酱	酱是将原料先用盐或酱油腌制，放入用油、糖、料酒、香料等调制的酱汤中，用旺火烧开撇去浮沫，再用小火煮熟，然后用微火熬浓汤汁，涂在成品的皮面上。酱制菜肴具有味厚馥郁的特点

续表

序号	制作方法	操作说明
5	卤	卤是将原料放入调制好的卤汁中，卤的原料大多是家禽、家畜及其内脏。烹制时，将原料投入卤汁中用大火煮开，再用微火烧煮，直到原料渗透卤汁为止
6	酥	将原料用油炸酥或投入汤内，加以醋为主的调料，用小火焖制酥烂的烹调方法
7	熏	熏是将经过蒸、煮、炸、卤等方法烹制的原料，置于密封的容器内，点燃燃料，用燃烧时的烟气熏，使烟火味焖入原料，形成特殊风味的一种方法。经过熏制的菜品，色泽艳丽，熏味醇香，并可以延长保存时间
8	水晶	水晶的制法是将富含胶质原料放入盛有汤和调味品的器皿中，上屉蒸烂，或放锅里慢慢炖烂，然后使其自然冷却或放入冰箱中冷却

家常菜制作举例

1.菜名：鱼香茄子

材料：茄子、木耳、葱末、姜末、蒜末、盐、糖、料酒、湿淀粉、胡椒粉、辣豆瓣酱等。

做法：

（1）茄子切长段；木耳切末。

（2）起油锅，锅中放油半锅，待油热，茄子稍炸后取出。

（3）另起油锅，锅中放油3大匙，待油热，先爆香姜末、蒜末、木耳末、辣豆瓣酱后，再加入茄子及1碗水、酱油，大火煮滚后改小火煮至茄子软化，即以盐、糖、鸡精、料酒调味，用湿淀粉勾芡，最后加上葱花及胡椒粉拌匀即可。

2.菜名：红烧草鱼

材料：草鱼、猪里脊、香菇、葱、姜、蒜、盐、白糖、鸡精、白酒、胡椒粉、生抽、湿淀粉、香油、食用油等。

做法：

（1）将草鱼去内脏清洗干净，在鱼的身上划花刀，稍腌制一会儿。葱、姜、蒜洗净切成末，香菇洗净切成丝，猪里脊肉切成丝。

（2）坐锅点火，放入大量油，油至六成热时，将整条鱼放入锅中炸至两面金黄色捞出沥干油。

（3）坐锅点火，锅内留余油，倒入葱末、姜末、蒜末、香菇丝、肉丝翻炒，加入盐、鸡精、白糖、草鱼、生抽、胡椒粉、香油，稍焖一会儿，勾薄芡出锅即可。

注意事项：在烧鱼的过程中，尽量减少翻动，为防煳锅可以将锅端起轻轻晃动，这样鱼不易碎。

3.菜名：蒜茸豆腐菜胆

材料：莴苣8两（约320克），蒜头（大）2瓣，豆酱2汤匙，油4汤匙，姜1片。

做法：

（1）莴苣洗净，修剪成菜胆（即保留中心部位），切开边，沥干水分。

（2）蒜头去衣拍裂，剁成蒜茸。

（3）菜胆放入加盐的滚水中焯片刻。烧热油，爆香蒜茸、豆酱、姜，加菜胆炒拌，调味上碟。

4.菜名：虎皮尖椒

材料：肉厚的尖椒500克，海鲜酱油适量，花生油500毫升（实耗约50毫升）。

做法：

（1）尖椒去蒂，稍微去多一点，以便入味，洗净，沥干水分。

（2）烧热炒锅，花生油下锅，大火，放尖椒入锅，慢慢翻动，至尖椒转色、外皮泛白时，盛出沥干油分，放适量酱汁调味即可。

注意事项：尖椒下锅时，千万注意油锅里会爆出油花，最好用锅盖挡一下，手上可戴上胶手套，以防烫伤。

5.菜名：回锅肉

材料：猪后腿的二刀肉370克，青蒜（青椒、蒜薹均可）70克，油25克，面酱12克，酱油、料酒各12克，白糖5克，豆瓣酱、葱各5克，味精3克（可不放）。

做法：

（1）将肉切成4厘米宽的条，用开水煮熟改切成片，青蒜切成寸段。

（2）将白肉先下热油中煸炒至肉出油卷起，即加入豆瓣酱、面酱，炸出味后下青蒜和其他各种调料，再翻炒几下即成。

注意事项：成菜色泽红亮，肉片柔香，肥而不腻，味咸鲜微辣回甜，有浓郁的酱香味。

6.菜名：清蒸河蟹

材料：河蟹，调料：香醋、姜、花椒。

做法：

（1）制作姜醋汁，将姜洗净切成末，放在器皿中倒入香醋拌匀待用。

（2）将河蟹用水冲洗干净，放入蒸锅水中加入几粒花椒蒸7～8分钟取出，装入盘中蘸姜醋汁食用即可。

注意事项：在清洗河蟹时，先把河蟹放入淡盐水中浸泡一会，促使它吐出腹内的污物，再放入清水中清洗，一般要清洗两三次。

7.菜名：广式蒸鱼

材料：鲜鱼1条（约600克，洗净、抹上少许盐），姜6片（切丝），葱3根（切丝），香菜3根，热油3汤匙，蒸鱼豉油100毫升（6～8汤匙）。

做法：

（1）将姜丝放在鲜鱼上，水沸后蒸5分钟熟。

（2）倒去多余汁液，放上葱丝及香菜，淋上热油及李锦记蒸鱼豉油，趁热享用。

8.菜名：春饼卷菜

材料：面粉100克，水30克，圆白菜、火腿各50克，洋葱、荸荠各25克，盐2克，醋1克，姜片15克，香油50克。

做法：

（1）将圆白菜、洋葱、火腿、荸荠切片，并用沸水将圆白菜、洋葱烫一下捞出沥干水，然后放入火腿、香油、醋、盐拌匀。

（2）将面粉用水调匀，烙制成薄面饼。

（3）将拌匀的调料放在薄面饼上卷起即可食用。

9.菜名：重庆辣子鸡

材料：整鸡一只或鸡腿一盒，花椒和干辣椒（1∶4），葱、熟芝麻、盐、味精、料酒、食用油、姜、蒜、白糖。

做法：

（1）将鸡切成小块，放盐和料酒拌匀后放入八成热的油锅中，炸至外表变干成深黄色后捞起待用。

（2）干辣椒和葱切成3厘米长的段，姜、蒜切片。

（3）锅里烧油至七成热，倒入姜、蒜，炒出香味后倒入干辣椒和花椒，翻炒至气味开始呛鼻、油变黄后倒入炸好的鸡块，炒至鸡块均匀地分布在辣椒中后撒入葱段、味精、白糖、熟芝麻，炒匀后起锅即可。

五、煲汤技法

煲汤也是菜肴制作的方法之一，尤其是在广东地区。作为家政服务员，也应学会汤的制作技巧。一般来说，煲汤时要注意以下几个方面。

（一）选料要得当

用于煲汤的原料，一般为动物性原料，如鸡、鸭、禽骨、猪瘦肉、猪肘子、猪骨、火腿、板鸭、鱼类等，但须鲜味足、异味小、血污少。

用于煲汤的辅料最好选择经民间认定的无任何副作用的人参、当归、枸杞、黄芪、山药、百合、莲子等。可根据各人身体状况不同选择适当的汤料。如身体火气旺盛，可选择如绿豆、海带、冬瓜、莲子等清火、滋润类的食材；身体寒气过盛，可选参类作为汤料。

（二）食品要新鲜

一般所讲的鲜，是指鱼、畜、禽宰杀后3 ~ 5小时内，鱼或畜、禽肉的各种酶使蛋白质、脂肪等分解为氨基酸、脂肪酸等人体易于吸收的物质，此时食材不但营养丰富，而且味道也较好。

（三）炊具要选好

煲汤以陈年瓦罐煨的效果最佳。

（四）火候要适当

煲汤的要诀是：旺火烧沸，小火慢煨。煲汤一般需要2 ~ 3小时。

（五）配水要合理

水温的变化、用量的多少，对汤的风味有着直接的影响。用水量一般是煲汤的主要食品重量的3倍，同时应使食品与冷水共同受热，即不直接用沸水煲汤，也不中途加冷水。

（六）搭配要适宜

许多食物之间已有相对固定的搭配模式，使营养素起到互补作用，即餐桌上的"黄金搭配"。例如海带炖肉汤，酸性食品的肉与碱性食品的海带产生"组合效应"。为了使汤的口味比较纯正，一般不用多种动物食材一同煨汤。

（七）操作要精细

需特别注意煲汤时不宜先放盐，应在出锅前才加适量盐调味。

（1）制汤的骨头类原料要在冷水时下锅。

（2）小火慢煲时中途不能打开锅盖也不能中途加水，否则影响汤的口感。因为正加热的肉类遇冷收缩，蛋白质不易溶解，汤便失去了原有的鲜香味。

（3）用鸡、鸭、排骨等肉类煲汤时，先将肉在开水中汆一下，这个过程就叫作"出水"或"飞水"，不仅可以除去肉中的血水，还可去除一部分脂肪，避免过于肥腻。

（4）煲汤时，火不要过大，火候以保持汤沸腾为准，如果让汤汁大滚大沸，肉中的蛋白质分子会被破坏。

（5）要使汤清，必须用文火烧，加热时间宁可长一些，使汤呈"沸而不腾"的状态，并注意撇尽汤面上的浮沫、浮油。

（6）煲汤时忌过多地放入葱、姜、料酒等调料，以免影响汤汁本身的原汁原味。

（7）煲鱼汤时，先用油把鱼两面煎一下，鱼皮定结就不易碎烂了，而且还不会有腥味。煲鱼汤时，向锅里滴几滴鲜牛奶，汤熟后不仅鱼肉嫩白，而且鱼汤更加鲜香。

（8）一般鱼汤煲1小时左右，鸡汤、排骨汤煲3小时左右即可。

（八）几例常见汤的做法

1. 山药炖羊肉

主料：羊肉1000克，山药1000克，葱、料酒、味精、盐、花椒、八角、胡椒粉各适量（见图3-4）。

图3-4 山药炖羊肉

做法：

（1）将羊肉洗净，切成大小均匀的块，放入沸水锅氽一下，捞出备用；山药去皮洗净，切滚刀块备用。

（2）锅放入羊肉及适量水，用旺火烧开，撇去浮沫，加入葱、料酒、八角、花椒，改用小火炖至八成熟时，放入山药炖熟，加入盐、味精、胡椒粉，调好味即可食用。

2. 西洋参冬瓜老鸭汤

主料：老鸭1只，西洋参25克，冬瓜250克，石斛100克，红枣8粒，盐适量（见图3-5）。

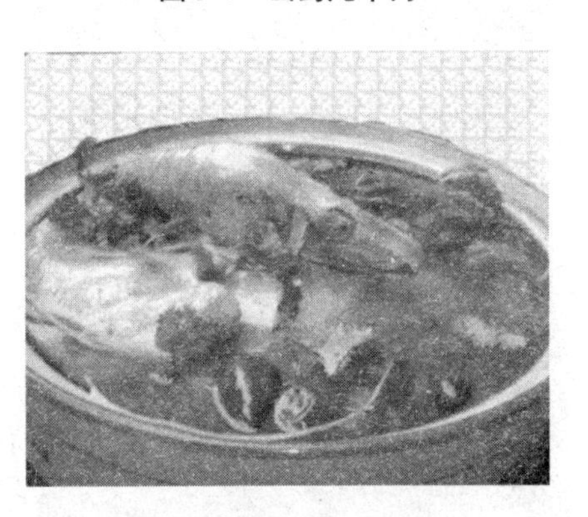

图3-5 西洋参冬瓜老鸭汤

做法：

（1）老鸭宰杀收拾干净，用沸水烫过待用。

（2）西洋参切片，冬瓜洗净去皮切大块，红枣洗净去核。

（3）全部原料放入开水锅中，小火煮约3小时，加盐调味即可。

特别提示：▶▶▶

石斛养阴清热、益胃生津、补肾明目、强腰壮骨，适用于病后体虚，腰膝酸软。

3. 菠菜肉丸汤

主料：菠菜150克，肉馅150克，姜葱末、料酒、盐、味精、胡椒粉、玉米粉各适量（见图3-6）。

图3-6　菠菜肉丸汤

做法：

（1）肉馅加入料酒、盐、味精和少量清水调散，放入少许玉米粉、姜葱末拌匀，搅成肉泥，菠菜洗净，切段备用。

（2）锅置旺火上，加水适量烧开，用勺将肉泥氽成丸子放入锅中。

（3）待肉丸将熟时，把菠菜段、盐、胡椒粉、味精放入，烧开即可。

4.党参红枣牛腩汤

主料：牛腩300克，红枣25枚，党参50克，老姜、盐各适量（见图3-7）。

图3-7　党参红枣牛腩汤

做法：

（1）将牛腩切均匀块洗净，用沸水烫后备用。

（2）党参洗净，红枣洗净去核。

（3）将牛腩、红枣、党参、老姜放入炖锅，加足量清水，大火煮沸后改小火煮约3小时，出锅前加盐调味即可。

牢记要点

1.对原料初步加工时，首先要整洗蔬菜，先洗后切。
2.无主辅料之分的菜肴，各种原料的数量基本相等。
3.煲汤的要诀是：旺火烧沸，小火慢煨。
4.煲汤时，火不要过大，火候以保持汤沸腾为准。

技能04 家用电器的使用与保养

学习目标：

1. 掌握家用电器的使用方法和要领。
2. 了解家用电器的保养方法和应注意事项（见图3-8）。

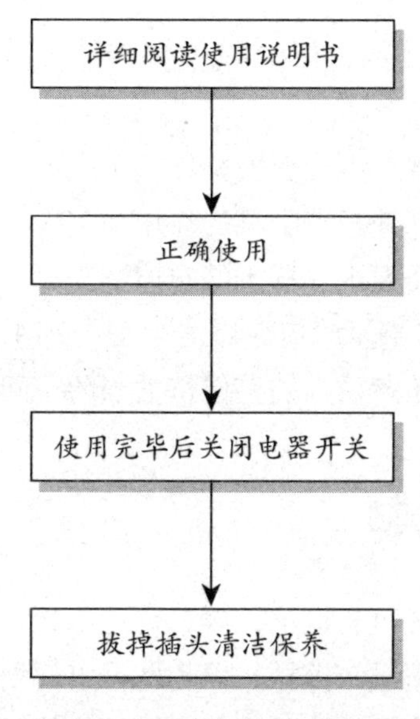

图3-8 家用电器的使用与保养

一、冰箱

（一）冰箱的使用

冰箱分冷藏室、冷冻室，空间有限，因此要合理放置。

（1）冰箱内存放的东西不宜过多。

（2）生熟要分开。

（3）堆放食品要留有空间。

（4）切忌将滚热的食品放入，待冷却后方可放入。

（5）尽量减少开关门的次数，每次打开时间尽量缩短。

（6）冰箱内外切忌溅水，以免引起漏电及金属件锈蚀。

（7）剩菜、剩饭要等冷却后加盖保鲜膜或装入保鲜盒装好再放入冰箱。

（8）鲜鱼、鲜肉要用保鲜塑料袋封装，在冷冻室储藏。蔬菜、水果要把外表面水分擦干，放入冷藏室内，以0 ~ 10℃储藏为宜。

（9）尽量不要将玻璃瓶装液体饮料放进冷冻室内，以免冻裂，应放在冷藏室内或门搁架上。

（10）中药材放置在冰箱时，一定要严格密封。

（二）冰箱的保养

冰箱在使用一段时间（约6 ~ 8个星期）后，应清洗内部，以免积存污垢，滋生细菌。

（1）保洁前先拔掉电源，以确保安全。

（2）注意清洁冰箱底部地板下隐藏的垃圾和尘埃。

（3）冰箱外壳可用经浸温水并拧干的布擦洗。

（4）当冷藏格霜厚约5毫米时应除霜。

（5）清洁后，确保冰箱背后与墙壁保持适当的空间，以便流通热空气。

二、电视机和电脑

（1）不要随意挪动电视机、电脑，屏幕避免阳光直射。

（2）屏幕和显示屏要用绒布擦拭，以免屏幕出现划痕。

（3）电视机、电脑旁边不要放置有电磁性的物品。

（4）电脑保洁有专用的保洁品，如清除灰尘的小吸尘器等。

（5）电脑电压的稳定是十分重要的，注意保持机身、光盘、软盘和电脑清洁。

三、电饭煲

（一）使用

（1）使用单独插座。

（2）一定要将内锅的外表面擦干，且外锅不能有水。

（3）锅中放入待煮的食物，加入适量的水。

（4）放平稳后，转动一下，接触良好后，插上电源，将外锅按钮按下，置于适当位置煮好食物，用毕拔掉电源。

（二）保洁

（1）内外锅清洁，内锅可放入水中清洗，注意避免强烈碰撞。以免变形，影响使用。切忌用钢丝球擦内锅。

（2）外锅不可水洗，清洁时用拧干的湿抹布粘少量洗洁精擦洗，再用干净的抹布将残留的洗洁液污垢一同擦去。

（3）电饭锅的锅盖、气口、溢水处，要做到每天清洁，四周的橡胶密封填充圈，也要经常清洗。

注意：洗完锅后里外用软布擦干，外锅不能水洗，切忌空烧。

四、微波炉

（一）使用要求

（1）加热带壳的鸡蛋或带皮的土豆等食物以及使用密闭口，必须在外壳或窗口留有气孔，否则可能发生爆裂。

（2）使用保鲜膜覆盖加热食物时需留有小孔；密封的瓶子放在炉内加热应先将瓶盖打开，窄口瓶不可以直接加热。

（3）微波炉加热食物时，不能使用金属材料的容器，须使用专用容器。

（4）加热大块食物或食物数量较多时，加热一段时间后可取出翻一下，再进一步加热，使食物成熟度达到一致。取翻食物时须使用专用隔热手套。

（5）不用微波炉时将定时器旋转到“停”的位置。使用烧烤型微波炉时，食物与加热管应保持一定的距离。

（二）清洁保养

（1）要及时清理炉内、炉门。

（2）可用水或少量稀的清洁剂处理机身内外的污渍，千万不要磨花或刮损内壳。

（3）炉内如果有异味，可用一碗水加几匙柠檬汁煮5分钟，之后用布抹蘸柠檬水清理除味。

五、电磁炉

（一）电磁炉的使用

（1）放置平稳。

（2）锅具不可太重，一般连锅具带食物不能超过5千克。

（3）按按钮时要轻，炉面有损伤时应停用。

（4）切勿空锅加热或加热过度，用毕后及时拔下插头。

（二）炉具的清洁

清洁炉具要得法，防水、防潮。不能用金属刷，纱布等较硬的工具来擦拭。擦洗面板前须先拔掉电源线，面板脏时或油污导致变色时，用去污粉、牙膏或汽车车蜡擦磨，再用毛巾擦干净。机体和控制面板脏时以柔软的湿抹布擦拭，不易擦拭的油污，可用中性洗洁剂擦拭后，再用柔软的湿抹布擦拭至不留残渣。

特别提示：▶▶▶

电磁炉长时间不使用时，首先要擦洗干净、晾干机体后收藏起来，不要放在潮湿环境中保存，要放于干燥处且包装内尽量放一些干燥剂，避免挤压，以备再用。

六、吸尘器

（一）吸尘器的使用

（1）每次在使用吸尘器前应检查集尘袋（箱）是否清洁干净。

（2）每次使用的时间不宜过长，最好不超过1小时，以防电机过热而烧毁电机。

（3）有集尘指示器的吸尘器，不能在满尘位工作，若发现接近满尘，应立即停机进行清灰。

（4）不能用吸尘器吸潮湿的泥土、泥浆、燃烧的烟灰或金属碎片。

（二）保养及清理

（1）每次用完吸尘器后要除去刷上的一些绒毛和棉线。

（2）检查吸管，要保证上面无孔洞，吸管损坏会影响吸尘。

（3）集尘袋过满以前就要倒尘。倒尘后用刷子轻轻擦掉集尘袋上的灰尘（一次性集尘袋除外），不要用水洗涤集尘袋，否则会令织物的结构疏松，使尘埃通过而进入电机内部。

七、吸油烟机

（一）使用要求

（1）燃气具未断火时不要移开灶台上的器皿，以免火焰被启动的吸油烟机直接抽吸，发生着火危险。

（2）每次煮食后，可保持吸油烟机开动15分钟再关掉，使厨房空气清新，使油渍不会聚在吸油烟机内。

（二）清洁保养

（1）定期清洁吸油烟机的外壳，防止聚集油脂。

（2）聚集着油脂的过滤网必须清洁或定期更换。可以在过滤器上加上一块保鲜膜，日后只需要换保鲜膜而不用清洗过滤网。

（3）清洗膜油烟机时，先用报纸把灶具盖上。用除油剂喷向转叶，等待2～3分钟，然后开动抽油烟机，关停后再喷除油剂在转叶上方，一直开动15分钟。油污会渐渐流入油杯，关机后，取下油杯清洗。至于机身可用去重油渍的清洁剂抹洗。

八、燃气灶

（一）使用

（1）燃气灶旁边不要放抹布，食油、纸张等易燃物品。

（2）使用燃气灶烧水、煮粥、煮牛奶等时要专人看管，以防液体溢出时浇灭火焰造成危险。

（3）装有燃气设备的房间要保持通风，但要注意风不能过大把火吹灭。

（4）每次使用完毕后，应关掉燃气阀门。

（5）经常检查煤气气管，若有异味，及时更换。

（二）清洁要领

清洁要领参见本章“技能05”的相关内容。

九、洗衣机

（一）洗衣机的使用

（1）洗涤前，注意取出口袋中的硬币和杂物及别针、金属、纽扣。

（2）一次洗衣量不得超过规定量，水位不得低于下线标记，以免负荷过重损坏电机。

（3）洗衣水温不得过高，一般40℃左右为宜，最高不得超过60℃。

（4）甩干前衣物要放平稳，甩干时切勿打开机盖。

（5）全自动洗衣机是由电脑板控制，选择相应洗涤程序启动即可。

（二）洗衣机的保养

（1）每次洗完衣物需洗净机筒。及时清理机内残留的废水及杂物，过滤网一定要洗净。

（2）操作板上的旋钮一定要恢复原位，洗衣机放置通风干燥处。

特别提示：▶▶▶

平时，每次洗完衣服后不要马上关上洗衣机盖，而要让内桶自然风干；洗衣机内收集细碎绒毛的小袋子也要及时清理，最好每次洗完衣服后都能把它拿出来冲洗、晾干，不要积攒了很多污物后才清理，因为那样会滋生细菌。

十、消毒柜

通常家用消毒柜分红外线加热消毒柜和臭氧消毒柜。

（一）使用

（1）餐具放入消毒柜前一定要擦拭干净，不能渗水。

（2）使用时不要把不耐高温的（如塑料餐具、玻璃制品、木制或漆面餐具）和不耐氧化的用品放入消毒柜内，否则可能造成餐具变形或损坏。
（3）开启消毒柜工作前必须将柜门关严。

（二）保养

消毒工作完成后，柜内会产生大量的水蒸气，为延长消毒柜使用寿命，在消毒柜程序执行完毕20分钟后将门体打开通风，消除柜内水蒸气，最好使用干净的抹布擦拭干净柜体内腔残存的水蒸气，防止发生箱体生锈或发生霉变。

十一、空调

（一）使用要领

（1）使用前关闭门窗。
（2）在开机时先将空调设置到高冷状态，以最快时间达到降温目的，当温度适宜时再改为中低风，设定室温时一般室内外温差不要超过7℃，具体温度设定需根据家中老人或儿童实际情况而定。
（3）关掉空调后，忌立即再开启使用，建议待5分钟后才开启。

（二）清洁保养

（1）每周清洗空调过滤网一次，清洗时应先将空调切断电源，然后把隔尘网拉出，网上的积尘，可用吸尘器吸掉或以清水冲洗。如果隔尘网积尘太多，可用少量清洁剂清洗，放在阴凉处吹干后再装回空调。
（2）空调的面板及出风口的海绵都很容易积尘，可用吸尘器或柔软的干布清洁。
（3）空调如果长时间不使用，要拔下电源插头。

十二、电热水器

（一）使用注意事项

1.注水

通电使用前，必须确保热水器内胆注满水。注水方法如下。
（1）将混合阀扳至热水处。

（2）开启自来水进水阀门，待喷头连续出水时，表明热水器内胆中的水已注满。

（3）通电加热。

2. 排水

若长期不使用热水器，应将热水器内胆中的水排空，以防水变质出现异味及内胆结垢。排水方法如下。

（1）首先关闭自来水进水阀门。

（2）将安全阀手柄向上扳至水平位置，此时热水器内胆中的水便通过安全阀的泄压口流出并经排泄管流向下水道。

3. 洗浴

（1）打开混合阀洗浴时，喷头不应直接对着人体，避免水温过高或过低使人不适，待水温调至合适时再使用。

（2）洗浴时要确保喷出的水不淋到热水器上，以防热水器内部线路受潮而发生短路，造成危险。

（3）洗浴结束后，要首先将喷头远离人体，然后将混合阀关闭，将热水器电源关闭，同时要将喷头中的水甩干，并将喷头挂在喷头支座上。

（二）清洁保养

电热水器在使用一段时间后，其内部会形成水垢，当水垢增厚到一定程度后，不仅会延长加热所需时间，而且还会对内胆有一定损害，所以应定期排污。

（1）电热水器没有排污阀的，需告知雇主请专业人员来解决。

（2）有的电热水器配有排污阀，可根据说明书自行排污。

十三、豆浆机

（一）使用要领

1. 量取食材

用随机所配的量杯按机型和功能量取食材。将量取好的干黄豆清洗干净后，进行充分浸泡（浸泡时间一般为北方地区春秋季8 ~ 16小时，夏季6 ~ 10小时，冬季10 ~ 16小时；南方地区春秋季5 ~ 6小时，秋冬季8 ~ 9小时）。

2. 杯体内加入食材

请将量取好的食材或浸泡好的豆子，清洗干净后，放入杯体内。

3. 杯体内加入清水

请将水加至上、下水位线之间（尽量选用具有无水防干烧功能的豆浆机，如杯体内无水或水位过低，机器不会工作，以保证使用安全）。

4. 安装精磨器

取精磨器按照安装指示箭头方向装好，精磨器口部与下盖配合处应紧密无缝隙，安装完毕后，用手向下拉一下，精磨器不动，说明安装到位。

5. 制作豆浆

将机头按正确的位置放入杯体中（即使杯体上的定位柱对齐机头上的标识后插入机头微动开关孔内，确保打开开关）插上电源线，功能指示灯全亮，按下所需的功能键，对应指示灯亮，启动相应的制浆程序。

6. 制浆完成

机器按设定的程序进行多次打浆及充分熬煮后，电热器和电机停止工作，机器发出声光报警，提示豆浆已做好。拔下电源插头，即可准备饮用。

（二）清洁保养

（1）使用完毕，必须把插头从插座上拔下后才能清洗。外壳表面弄脏时，要用软布擦去；脏污严重时，可用洗洁精清洗。

（2）桶内清洗，要在每次使用后，待桶内温度降至不烫手，或用冷水进行快速冷却后进行。要顺时针旋松，取下网罩，用清水、毛刷轻轻地冲刷表面的豆浆纤维物。

（3）洗刷时，只能用流水、清洁刷冲刷机头下半部黏附的豆浆，切勿将机头浸泡入水中或用水流冲洗机头上半部分，机头上部和电源插座部分严禁入水。

十四、榨汁机

（一）榨汁机的使用方法

（1）检查放置榨汁机的位置是否存在倾斜和任何不牢固的情况，如果存在就要更换放置地点。

（2）检查刀具和过滤器是否安紧安实，确认后将杯体安装牢固。

（3）将食物切成适合榨汁机入口大小的块。

（4）插上电源，并保证接实。

（5）启动机器，确认电机运转正常。

（6）将食物推进杯体内，保持匀速推进、避免过快过猛的动作，以免发生危险。

（7）食物处理完毕后先拔下电源，再将处理好的食物倒出。

（二）榨汁机的清洁保养

（1）认真清洁榨汁机内外各个组件，但要避免水流进入电机。

（2）将榨汁机放在阳光直射不到的通风处完全阴干。

特别提示：▶▶▶

（1）千万不要用随榨汁机附送的推进棒之外的任何物品（尤其是手指）将食物推入榨汁机。

（2）在电机转动的时候，严禁打开上盖。

（3）一旦发现榨汁机转动异常或出现其他故障应该马上停止使用，对故障榨汁机进行维修或更换。

牢记要点

1.不能把玻璃瓶装液体饮料放进冰箱冷冻室内，以免冻裂。

2.洗完电饭煲锅后，里外用软布擦干，外锅不能用水洗，切忌空烧。

3.微波炉加热食物时，不能使用金属材料的容器。

技能05 家庭清洁卫生

学习目标：

1. 了解家庭清洁的步骤和要求。
2. 掌握家庭清洁的要领（见图3-9）。

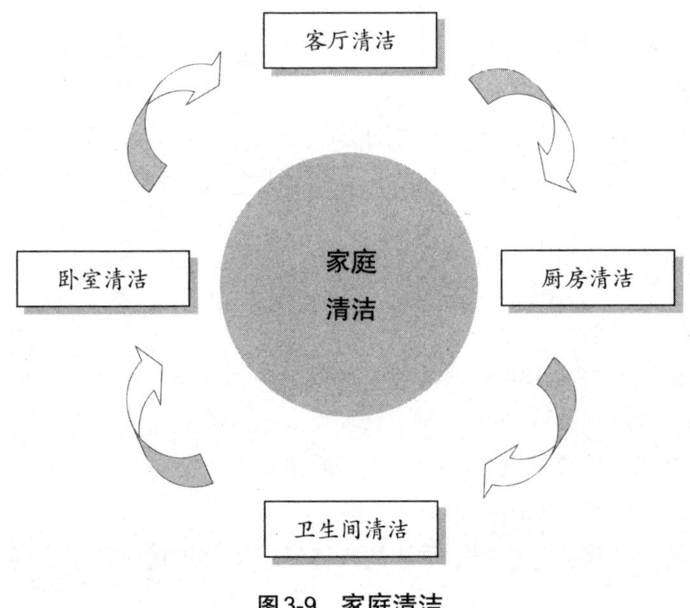

图3-9 家庭清洁

一、客厅清洁

客厅是亲朋好友聚会的场所，是家中重点的清扫对象。可以用报纸、旧床单等盖在电视机、沙发、茶几上，避免清扫过程中落灰。重点清洗门窗、地板、沙发、窗帘。如果家中有易脱毛的宠物，一定要先吸尘后再擦拭清理，在抹布上蘸点白醋或柠檬汁，可消除宠物异味。

（一）客厅擦尘的方法

1. 工具

擦尘布（一块湿的、一块干的）、擦镜布、一瓶调稀的清洁剂、一瓶家具打蜡水、一瓶玻璃水。

2. 方法

由房门开始，按顺时针或逆时针方向进行擦尘。先把湿布叠好擦尘，从左至右，由上至下，最后用干布擦干。

3. 注意事项

（1）如墙身，特别是近天花板处墙身及空调室内机后的墙身，有积尘，要先清洁扫净，然后再擦尘。

（2）擦尘的同时可跟进以下工作：家具有污渍时用调稀的清洁剂处理；将乱放的物品放回原位。

（3）定期大清洁以下地方：天花灯罩、空调室内机隔尘网或风扇、窗帘（吸尘或拆下洗洁）、地脚线（擦尘或吸尘）、家具及装饰摆设。

（二）地板的处理

1. 地毯

（1）用布把吸尘器不能吸到的地毯边擦干净，然后用吸尘器把床底及家具底吸干净。

（2）如果家具被移动过，应把它放回原来位置。

（3）吸尘时应从房间内往外吸。

（4）地毯如有污渍，应用刷子清洁，连接门下的地毯应常清洁确保洁净。

相关知识

地毯的几种特殊情况处理

1. 压痕

地毯长期被重物压住，会形成压痕，可用蒸汽熨斗在有压痕的地方喷蒸汽，再用软毛刷不断拭刷，地毯慢慢就可恢复弹力。

2. 口香糖

切勿强行撕起粘在地毯上的口香糖，应用胶袋盛放冰块把口香糖冷却成硬块，便可以把整块口香糖除去，然后用干洗地毯清洁剂清洁，再用软毛刷把地毯毛刷松。

3.漂白水

若不小心将含有漂白成分的清洁剂滴在地毯上，应立即用厕纸把液体吸干，然后任其风干。注意不可将湿处抹开，也不能用湿布抹地毯，因为这样做只会令漂白范围扩大。

2.木地板

（1）木地板只需经常吸尘，用湿布抹擦，然后用干布抹干，足以保持清洁。

（2）不要用水浸渍木地板，也不要用很热的水洗，因为木板渗水后会发胀，会软化木材，水洗后干透可能会龟裂。

3.大理石

只需勤于吸尘和用水抹去污渍便可。

4.瓷砖

吸尘和用净板素拖地清洁。

5.胶地板

吸尘，利用净板素拖地清洁。

（三）沙发的清洁

（1）使用干净的软布经常性擦净面料沉迹或污迹。

（2）背、扶手与座面交接处缝隙可用吸尘器清洁杂物。

（3）禁止使用湿布、硬物或酸、碱性等化学物品接触面料，以免影响表面质量和使用周期。

二、厨房清洁

（一）厨房清洁基本要求

（1）首先要保持厨房内外的环境卫生，经常通风换气，及时清理垃圾，及时做清理工作。以免时间过久霉味污迹难以处理。

（2）厨房家具、餐具、炊具要经常清洗、消毒。

（3）各种干货、五谷杂粮等要保存放好，定期进行检查。

（二）清洁橱柜

在清理橱柜时先把物品清理出来，用湿布清除表面的附着物，有油污的用稀释好的洗涤灵清洁液擦拭，直到擦拭干净为止。

（三）清洁墙面

将厨房清洁剂或厨房去油剂稀释在水桶里，然后用毛巾沾清洁剂，拧去水分，擦拭干净表面，再用柔软的干毛巾擦净。

（四）餐饮用具清洁

1.清洁要求

（1）要定期消毒。小孩的餐具要单独洗。

（2）先洗不带油的，后洗带油的，先洗小件，后洗大件，先洗碗筷，后洗锅盆。

（3）烹饪后的油锅要及时地清理：刚炒完的油锅可以直接放在水龙头下，趁锅热放清水更易冲洗干净。

2.摆放要求

（1）摆放原则：盘和盘放一起，碗和碗放一起，同类的和接近的放在一起。

（2）根据餐具的用途分别摆放，经常用的，伸手可以拿的，放在外侧；不经常用的放在内侧，随用随拿，以方便为主。

（3）根据雇主家的习惯原则。

（五）吸油烟机的清洗

首先要关闭电源，用洗涤剂清洗表面，去除表面的污垢，对于那些长时间没有清洗的，可以直接在上面喷上油烟机专用的强力油污清洗剂，浸泡几分钟之后，用旧报纸或者抹布擦，较易把油污擦干净。切记不要使用钢丝球。

（六）煤气灶具的清洁

（1）做到随用随擦，这是最简便省时省力的方法。

（2）做饭菜时若有菜汁、油污、汤汁粘到灶具上，可随手用抹布或废报纸类擦拭。

（3）若煤气灶具上已积有许多污垢，可用厨房湿巾等清理。

（七）清洗水池、台面

按照先台面后水池的顺序，滴入适当的清洁液，等待5分钟后，用清洁刷仔细刷洗内外及边沿。如果边沿仍存在污垢，按照以上顺序清洁两遍。将水池、水龙头台面擦拭干净，恢复水池、台面原有的光泽。

（八）清洁地面

用清洁刷蘸少量的清洁液刷洗，用清水冲洗，再用干布擦净。

（九）检查

做完上述工作后，环视一下，检查是否有遗漏的地方。

三、卫生间清洁

（一）清洁用具

清洁用具包括：抹布、清洁刷、小牙刷、去污粉、强力去渍剂、水桶、洁厕灵、百洁布等。

（二）清洁步骤与要点

清洁步骤与要点如表3-5所示。

表3-5　清洁步骤与要点

序号	步骤	操作要点
1	开灯、开窗	进卫生间前先把灯打开、便于清洁、开窗通风
2	坐便器冲水	冲洗表面遗留物、并滴入洁厕灵、为进一步刷洗提供方便
3	清洁面盆	把残留在面盆里的残渣清理干净，再用清洁液或消毒液进行刷洗、刷洗完后再回来用水冲洗干净，然后用干毛巾擦净
4	清洁浴缸	用毛刷洒上瓷净清洁液刷洗，刷新完用清水冲净、用干毛巾擦净
5	清洁坐便器	先用洁厕灵、从里向外的顺序全面刷洗，然后用清水冲洗，再用专用布擦净、擦干。若污垢较重，再倒洁厕灵浸泡后再次刷洗直至干净，最后用清水刷洗

续表

序号	步骤	操作要点
6	擦卫生间镜面	从上至下的顺序，用一块半干的抹布蘸清洁液先擦一遍，再用平擦的方法擦拭镜面，也可用玻璃水，可涂上肥皂，再用干燥的抹布抹干净即可
7	刷擦墙面	在擦洗时，按从上至下的顺序，再用清洁液刷洗，用水冲洗干净，用专业毛巾擦干净淋浴后顺手就可以对周围的墙壁稍加喷洗，随即就可以去除掉瓷砖上的水印。靠近地面的瓷砖很容易产生黄色污垢，连刷子都很难清洗，这个时候可以喷点洁厕灵，过几分钟再进行清洗
8	清洁喷头	淋浴的喷头使用时间久了会出现出水不顺畅，一般是由于水垢积累，可以将喷头取下，浸泡在食醋里两个小时，取出后，用旧刷子刷掉
9	清洁地面	按由里向外的顺序，用一块湿布蘸少量水擦拭，消毒后，用水冲净，用拖布擦干
10	查看有无漏项	做完上述工作后环视一下，检查是否有漏掉的地方
11	关灯、关门	卫生间的一切工作完成后，关灯、关门，退出卫生间

四、卧室清洁

（一）清洁准备

准备的工具和用品有：毛巾（抹布）、掸子、扫帚、拖布、垃圾铲、水桶、清洁剂等。清洁之前要把清洁用品准备好放置在工作时取得到的地方。

（二）清洁步骤

清洁步骤与要点如表3-6所示。

表3-6　清洁步骤与要点

序号	步骤	操作要点
1	通风	在正常气候条件下，打开窗帘、门窗，关好纱窗让室内尽可能通风，自然地置换新鲜空气
2	物品归类	（1）衣物：把睡衣、拖鞋和准备洗涤的衣物分别归放在雇主习惯或者指定的位置 （2）台面：把梳妆台、茶几、卧室柜上物品按使用功能归回原位

续表

序号	步骤	操作要点
3	整理卧具	（1）床单：整理时，首先搬开床上用品，把床单清洁干净，再平整床铺 （2）枕头：按雇主的习惯与要求整齐地摆放在床头或收放在卧室柜内
4	擦拭卧室家具	卧室家具包括窗体、梳妆台、茶几、卧室柜、座椅等擦拭干净
5	装饰物清洁	依据装饰物的质地确定清洁方法。适宜洗则洗净擦净或晾干，适宜轻掸的则轻掸除尘，适宜擦拭除尘则用半干抹布毛巾擦拭除尘，清洗后归放原处
6	地面清洁	全部完成上述工作后再清洁地面
7	检查	工作全部完成后，环视卧室，检查确认无漏项后退出

（三）注意事项

（1）卧室属于雇主隐私之地，应在征得雇主同意后才可进行整理。

（2）卧室、卧具的整理一定要按雇主的起居习惯和要求操作，不能按家政服务员个人习惯整理他人的卧室。

（3）操作完毕，离开时关好门窗。

（4）门窗的擦拭可定期进行。

（5）墙面清洁自上而下轻掸，可定期进行。

牢记要点

1.卧室属于雇主隐私之地，应在征得雇主同意后才可进行整理。

2.清洗抽烟机时，切记不要使用钢丝球。

技能06 衣物洗涤与收藏

学习目标：

1. 了解不同衣物的洗涤和晾晒方法（见图3-10）。
2. 熟知清除衣物污渍的方法和技巧。
3. 掌握不同衣物的熨烫方法和要求。

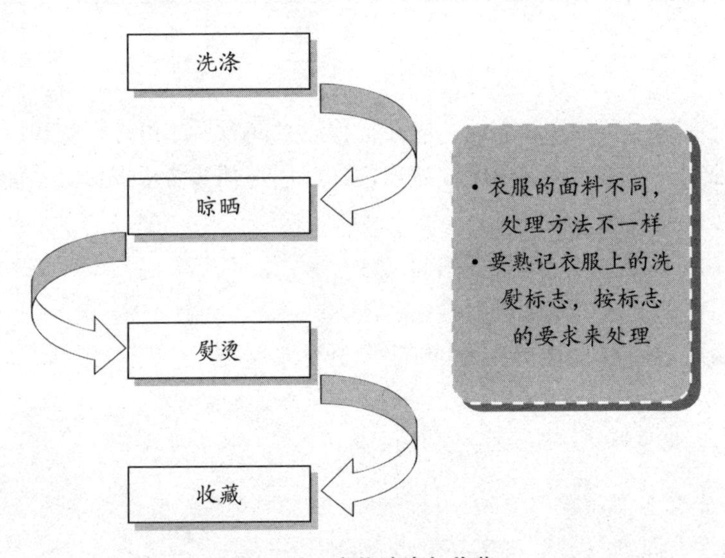

图3-10 衣物洗涤与收藏

一、洗涤步骤和质量标准

（一）洗涤步骤

1. 区别衣物

（1）衣服颜色与质地（衣料）分开：防染色、防相互磨损。

（2）内衣、外衣、袜子分开。

（3）成人与孩子衣服分开。

（4）病人与健康人衣物分开。

（5）家政服务员与雇主的衣物分开。

相关知识

衣服面料鉴别方法

1.感官鉴别法

（1）棉：纤维较短，弹力较差，手感柔软，无光泽。

（2）羊毛：纤维较长，弹性较好，手感温暖，纤维成卷曲状。

（3）蚕丝：纤维细长，弹性小于羊毛，手感细腻，柔软，凉爽，有光泽。

（4）人造纤维：手感较软，弹性较低，强度较差，手握紧后有皱褶。

2.燃烧鉴别法

（1）棉：易燃、延燃很快，产生黄色火焰，有烧纸气味、灰烬细软，呈深灰色。

（2）麻：燃烧快，产生黄色火焰冒蓝烟，有烧枯草和纸气味，灰烬呈灰色或白色。

（3）羊毛：遇火先卷缩后冒烟，产生枯黄色火焰，离开火焰即灭，有烧头发气味，灰烬呈黑色块状，手捏即碎成粉末。

（4）蚕丝：燃烧时速度缓慢，先卷缩成团，离开火焰即灭，有烧头发气味，不及羊毛味重。灰烬呈黑色小球，手捏即碎。

（5）人造纤维：锦纶、涤纶、腈纶等种类。锦纶近火即燃，呈珠状。涤纶近火即熔缩无烟，成硬圆状。腈纶近火即燃，不规则或呈珠状。

2.检查口袋

（1）物品及时归还原主。

（2）防硬物损坏洗衣机。

3.选择洗涤方式

洗涤方式有干洗、湿洗（机洗或手洗）。具体干洗、湿洗须针对衣物的质地不同而决定，你可查看衣物的洗涤标志，如果衣物上没有这些标志，自己又分不清该如何洗时，要主动询问雇主。

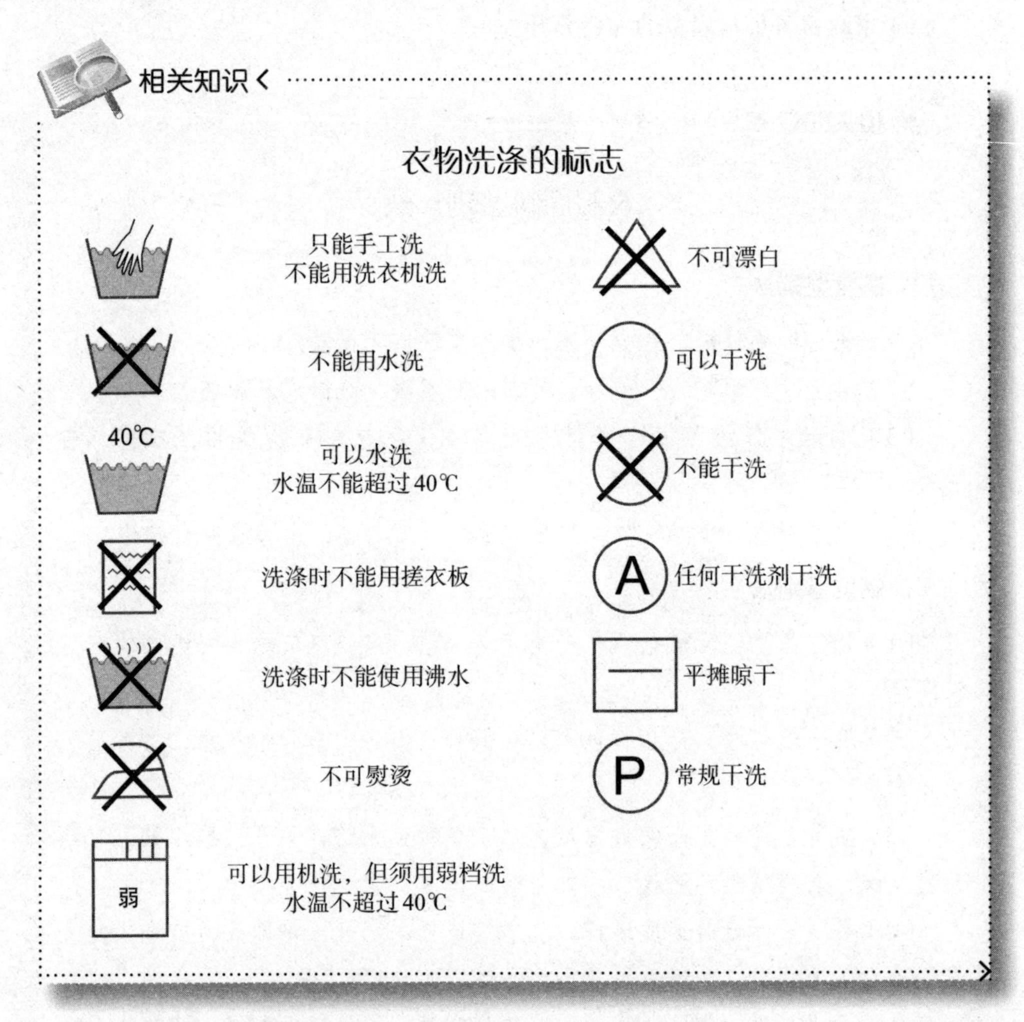

（二）洗涤质量标准

根据衣服的面料选择正确的洗涤方式，尽量维持衣物原有形状、质感、颜色等。

二、不同衣物的洗涤方法

（一）棉纺织品

棉纺织品的特点是：纤维较短、弹性较差、易变形、起褶、耐高温、无光

泽、褪色、手感柔软。洗涤要求如下。

（1）按颜色分类：白——浅——深。

（2）可用肥皂或合成洗涤剂（粉）。

（3）高档白色棉织物漂白时应用双氧水。

（4）浸泡不超过15分钟。

（5）洗涤温度要适宜，白色棉织品、床单、被单可在不超过40℃下洗涤。

（二）毛料衣服

毛料衣服的特点为：一般羊毛纤维具有缩溶性、可塑性。其洗涤要求如下。

（1）洗涤水温不能过高（30 ~ 40℃），过高会出现折痕且不易烫平。

（2）适宜的洗涤剂。一定要用丝毛洗涤剂或中性洗涤剂，不能直接用肥皂或洗衣粉，否则会导致毛纤维相互“咬”在一起，使织物缩水变形（尤其是织物组织松散的羊毛衫、围巾等）。

（3）要用手工洗涤。若须机洗，则水温30 ~ 40℃，时间2 ~ 3分钟即可。高档毛料须手工刷洗，用力适当，充分漂洗干净，再用醋酸水处理，使纤维光泽鲜亮。

（4）晾晒要放在通风阴凉处，晾反面，不宜在强光下暴晒。

（三）丝绸、亚麻衣物的洗涤

1. 丝织品

丝织品种类很多，有绫、罗、绢、纱、纺、绉、绸、缎等。其特点是：质地稀薄，表面光滑，具有光泽。用酸性染料，牢度差，易掉色。所以，洗涤时要注意以下几点。

（1）水温不能高，最好用凉水洗涤。

（2）用中性优质洗涤剂。

（3）用手工洗涤，轻轻揉搓，重点部位平铺后按布料纹路轻刷。

2. 亚麻织物

亚麻织物的特点：亚麻纤维比棉纤维粗、凉爽、吸汗，且下水后强力反而增加。

（1）用洗涤液洗。

（2）水温40℃以内。

（3）用手洗，轻柔或轻刷。

（4）漂洗时不要绞拧，否则易起毛使纤维滑移，影响外观和耐穿程度。

（四）化纤面料

化纤面料衣物的洗涤要求如表3-7所示。

表3-7　化纤面料衣物的洗涤要求

序号	类别	衣物特点	洗涤要求
1	纯涤纶	弹性、抗皱能力很好，表面光滑，易洗涤，污垢不易渗到纤维内部	（1）选用一般洗衣粉即可 （2）水温40℃左右 （3）机洗（10 ~ 15分钟）、手工、刷洗都可以
2	人造棉、人造丝、人造毛服装	此类下水后强力下降较大，悬垂性大，易变形、起褶、褪色	（1）不宜机洗，人造棉/丝可用手工轻轻搓洗；人造毛服装只能刷洗 （2）可选用一般洗涤剂 （3）水温30 ~ 40℃为宜，用温水漂洗两次，冷水漂洗干净 （4）漂洗时用力要轻、均匀 （5）甩干后晾在通风阴凉处，必要时可用丝网兜起晾晒
3	涤棉	由涤纶和棉混纺织成，强度比纯棉要高好几倍	（1）水温40℃左右（白色浅色的可以高一些，40 ~ 50℃） （2）一般洗涤剂 （3）机洗、手洗、刷洗均可
4	毛涤、腈纶	下水后不变形，吸湿性能差	（1）洗涤时间可长些 （2）用优质洗涤剂 （3）水温30 ~ 40℃ （4）先机洗3 ~ 5分钟，再刷洗，较脏处可蘸肥皂水刷洗 （5）毛涤服装可搓洗，水温40℃为宜，洗涤注意事项同亚麻衣服 （6）毛涤服装漂洗后要过一次醋酸水，甩干抻平，在通风阴凉处晾干，不能强光暴晒

（五）羽绒服装

羽绒服面料一般是锦纶（尼龙）或涤棉，填料鸭绒为主，尽量少洗。洗涤禁忌：忌机洗或揉搓、忌用力拧绞。

1.不太脏时的处理方法

不太脏时可用干洗剂清洗脏处。如领口、袖口等，油污去除后，再用干洗剂重擦拭，待干洗剂挥发干净即可。

2.比较脏时的洗涤方法

高档羽绒服建议送专业洗衣店干洗。

（1）比较脏时，若须采用水洗方法。放入冷水中浸泡15分钟左右。

（2）中性洗涤剂，水温30℃左右。

（3）将浸泡好的羽绒服取出，平压去水分，不可拧绞，放入兑好的洗涤液中，再浸泡10分钟左右。

（4）将衣服取出后平铺，用软毛刷蘸洗涤液轻轻刷洗，先刷洗里面后涮洗外表，最后刷袖子的正反面。

用30℃温水漂洗两次，再放入清水漂洗干净，忌揉搓，以防羽绒堆积。

（5）轻轻挤压出水分，放在不太强烈的阳光下晾晒或通风干燥处晾干也可，多加翻动，使其干透，用光滑小木棒轻拍衣服反面，即可使其恢复松软。

（六）皮革类服装

（1）不宜水洗。

（2）干洗时可先用软布或刷蘸水后把皮革表面污垢擦去，晾干后再涂上一层石蜡或专用干洗剂，并用软布擦匀。

（3）要防止干燥，又要防受潮。

（4）将甲醛加水涂在皮革表面，能减轻色泽脱落。

（七）刺绣类衣服

（1）此类绣花线易褪色，须先检查是否掉色。

（2）适宜手洗。

（3）水温35℃左右，最好加10克盐，5克白醋。

（4）普通洗涤剂即可。

（八）领带

一般由高级丝绸锦缎和薄型花呢等制成，采用斜料做成，内有夹里，洗涤方法错误，会导致领带缩水、褪色、变形。

（1）只能干洗。

（2）领带平铺后，再将洗衣专用的轻质汽油倒在器皿内，然后用软毛刷或洁白的干毛巾蘸汽油顺纹路涂刷，较脏点多刷几遍。

（3）如领带很脏，可整个浸泡在汽油里，用手轻轻揉搓脏处。

（4）挂起，待汽油全部挥发再用洁白的湿毛巾，擦几遍并熨烫平整即可。

（九）牛仔裤

牛仔裤加洗衣粉浸泡20分钟左右，用刷子刷洗。

三、清除衣物污渍

清除衣物污渍应由外向内，防污迹扩大。

（一）清除霉点、霉斑

1.呢绒织物

先阴凉通风晾干，再用棉花或海绵蘸轻质汽油在霉迹处，反复擦拭。

2.化纤织物

（1）轻者可用酒精、干洗剂擦拭。

（2）陈旧霉点，先涂上稀氨水再用高锰酸钾溶液处理并水洗。也可用溶解肥皂的酒精擦洗，再用5%小苏打水或9%双氧水擦洗，最后用清水洗净。

3.棉织品

在阳光下晾晒干后用刷子刷去，也可用冬瓜、绿豆芽擦除。白色棉织品可放在10%漂白粉溶液中浸泡1小时后去除。

4.丝绸品

轻者用软刷刷去较脏处，平铺后在霉点上喷洒稀氨水或干洗剂干洗也可；白色丝绸织物宜用50%酒精擦洗。

（二）清除油脂类污渍

油脂类污渍含脂肪酸和甘油三酯，不溶于水。清除方法一般有三种（见图3-11）。

（三）清除汗渍、血渍、呕吐物、尿渍

1.汗渍

汗液中所含蛋白质凝固和氧化变黄而形成汗渍，忌用热水洗，以防蛋白质进一步凝固。不同的汗渍处理方法不一样（见表3-8）。

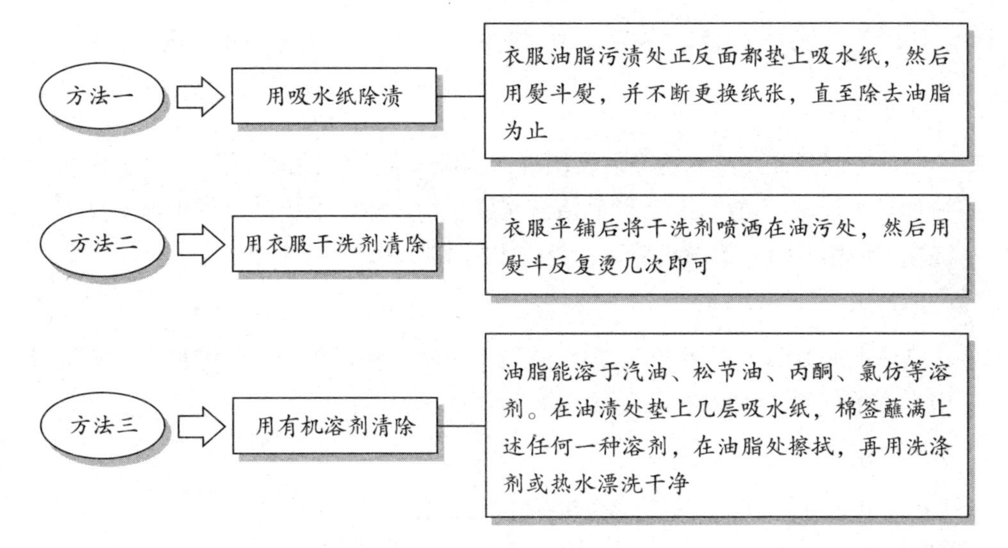

图3-11　清除油脂类污渍方法

表3-8　不同汗渍的处理方法

序号	类别	清除方法
1	新汗渍	可用5% ~ 10%盐水浸泡10分钟，再擦肥皂洗涤即可
2	陈旧汗渍	氨水：食盐：水按10 ∶ 1 ∶ 100的比例调成混合液，将衣物浸泡搓洗，然后清水漂净
3	白色织物陈旧汗渍	可用5%大苏打溶液（硫代硫酸钠）去除
4	毛绒衣物汗渍	可用柠檬酸液擦拭

2.血渍

新鲜血渍即可用冷水，高级洗衣粉或肥皂洗涤；陈旧血渍可用10%氨水将污渍润湿，擦拭，再用冷水洗涤，如还不干净可用10%草酸溶液洗涤。

3.呕吐物

用10%氨水将污渍润湿，擦拭即能除去，如还有痕迹可用酒精肥皂液擦拭。

4.尿渍

所含成分与汗液相似，故也可用食盐液浸泡的方法清洗；白色织物上的尿渍，可用10%柠檬酸液润湿，1小时后用水洗涤；有色织物上的尿渍，用15% ~ 20%醋酸溶液润湿，1小时后再用水清洗干净。

（四）清洗墨水和圆珠笔油

此类污渍都可用2%的高锰酸钾溶液擦拭。

（五）清洗酱油渍、茶渍、铁锈渍

1.酱油渍

刚沾上时可先用冷水洗净后再用洗涤剂洗；陈旧酱油渍可用5 ：1的洗涤剂溶液加氨水浸洗，也可用2%硼砂溶液洗涤。但注意，毛织品与丝织品不能用氨水洗涤，应用10%柠檬酸液擦拭，最后用清水将衣物漂洗干净。

2.茶渍

刚沾上的茶渍，可用70 ~ 80℃的热水搓洗；陈旧茶渍可用浓食盐水浸洗或者用1∶10的氨水与甘油的混合液搓洗。

3.铁锈渍

（1）可用50 ~ 60℃的2%草酸溶液浸泡清除，然后用清水漂净；也可用15%醋酸擦拭。

（2）铁锈陈渍，可用1 ：1 ：20的草酸与柠檬酸的混合水溶液将锈渍处浸湿，然后浸于浓盐水中1天后用水洗净。

四、晾晒衣物的技巧

（一）丝绸服装

（1）洗好后要放在阴凉通风处自然晾干，并且最好反面朝外。

（2）切忌用火烘烤丝绸服装。

（二）纯棉、棉麻类服装

这类服装一般都可放在阳光下直接摊晒，不过，为了避免褪色，最好反面朝外。

（三）化纤类衣服

化纤衣服洗毕，不宜在日光下暴晒。应放在阴凉处晾干。

（四）毛料服装

洗后也要放在阴凉通风处，使其自然晾干，并且要反面朝外。

（五）羊毛衫、毛衣等针织衣物

为了防止该类衣服变形，可在洗涤后把它们装入网兜，挂在通风处晾干。或者在晾干时用两个衣架悬挂，以避免因悬挂过重而变形。也可以用竹竿或塑料管串起来晾晒，有条件的话，可以平铺在其他物件上晾晒。总之，要避免暴晒或烘烤。

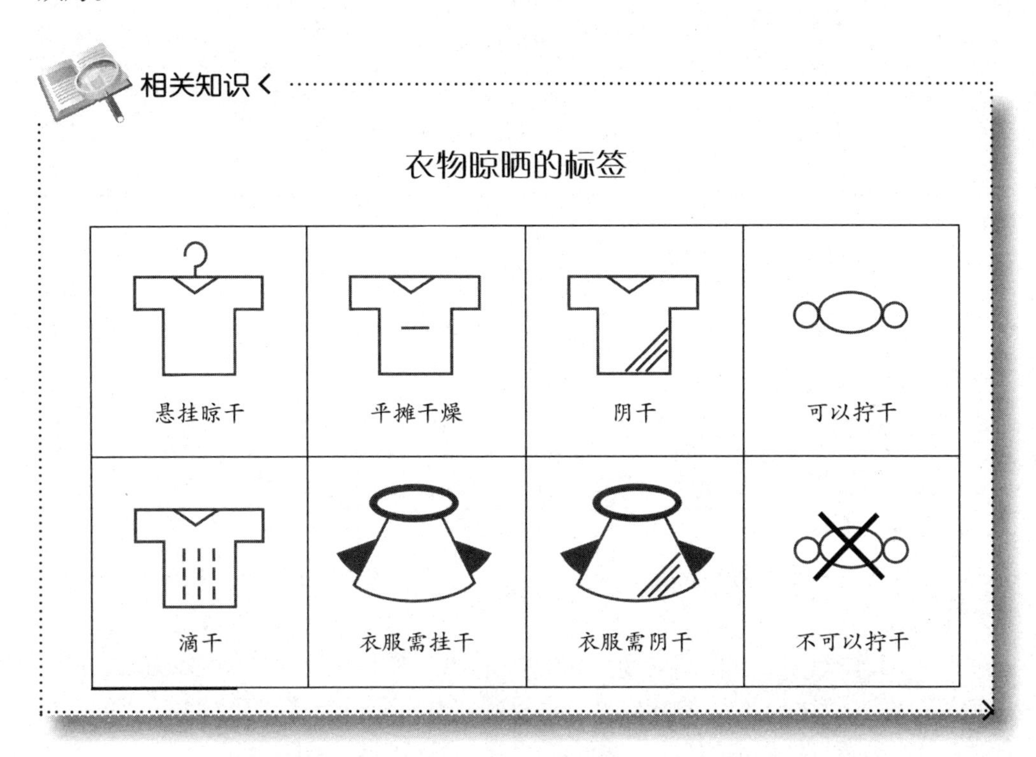

五、服装的熨烫

（一）常见纤维衣物的熨烫方法与要求

常见纤维衣物的熨烫方法与要求如表3-9所示。

表3-9　常见纤维衣物的熨烫方法与要求

序号	衣物面料类别	熨烫方法与要求
1	棉麻衣物	蒸汽熨斗可直接放在衣物上熨烫，普通型熨斗可在半干状态下熨烫或在干燥衣物上喷水熨烫
2	毛织品	为防止毛织品产生光亮现象，熨烫时应掌握好温度，并在上面盖上一块薄、白色棉湿布，毛织品具有弹性，故要顺着衣纹去熨烫，防止变形

续表

序号	衣物面料类别	熨烫方法与要求
3	丝绸衣物	此类晾至八成干时熨烫效果最好，应在反面熨烫，不要喷洒水，以免变形或出现水渍
4	化纤衣物	此类在高温下易变形发光，因此要喷水垫上湿布熨烫，熨斗不宜在某部位停留过久，防粘着衣物，维纶衣物不必喷水也不必垫湿布

（二）不同衣物的熨衣程序

熨衣物前首先检视衣物标签，调校合适温度，待温度指示灯熄灭后，按衣物质料决定是否需要打开蒸汽，然后开始熨衣。

1. 衬衫

（1）熨衣领。先熨领后，再熨领前，然后将过肩一字形铺开（或将两边过肩分开入板）熨好。

（2）再熨衣服的袖口部分，里面、外面，然后熨后袖、前袖，熨好一只袖再熨另一只。

（3）先熨纽扣及扣眼的内面，然后顺一方向将前后幅熨好。把衣服反过来下面放一块比较厚的毛巾，来回熨平，这样就省去一个一个熨扣子之间的空隙了。

（4）折叠时，先把领翻好，扣好颈喉钮，然后隔粒扣好。

（5）将衬衫反转，铺在熨板上，将两边衫身折上，再将两只袖折上。

（6）如衫身太长，可先将衫脚覆上约6厘米，然后再覆上折好。

2. 西裤

（1）将西裤反转，底幅在外，裤头套入熨板内，先熨好拉链部分，然后熨裤头、裤袋。

（2）将西裤两侧叠好，放在熨板上，熨好裤脚及开好裤骨。

（3）再将西裤反转熨裤面，裤头套入熨板内，先熨好拉链部分，然后顺一方向熨，熨到袋位时，要将袋底布掀起，避免熨出袋印。

（4）将西裤两侧叠好，对齐车骨，熨好内外侧裤脚。前裤骨要连前折，后裤骨熨到裆位。

（5）熨好后，将西裤按三节折好。

3. 西装外套

（1）将西装外套反转，先熨底幅两袖里布，逐只完成，然后顺一方向熨好衣身里布。

（2）再将西装外套翻转，面幅铺在熨板上，先熨领后、再熨领前，利用熨板圆位或熨垫熨好肩位及袖位。

（3）顺一方向将前后幅熨好，熨至袋位部分应拉出袋布先熨。

（4）完成后再检查未妥善之处。

特别提示：▶▶▶

衣物熨好后，不要马上放到衣柜里，而应放在通风处将所留蒸汽晾干。

（三）衣物熨黄时的处理方法

有时候会将衣物熨黄，这时不要着急，可按表3-10所示方法来处理。

表3-10　熨黄时的处理方法

序号	不同面料的衣物	处理方法
1	棉织物	熨黄时马上向熨黄部分撒些细盐，然后用手轻轻揉搓，再放在太阳下晾晒片刻，用清水洗净晾干即可
2	呢料	先用软毛刷刷去焦黄部分，若呢料失去绒毛而露出底纱，可用缝衣针轻挑无绒毛处，直至挑起新的绒毛，然后垫上湿布，用熨斗顺着原织物绒毛的倒向熨烫数遍即可
3	丝绸	熨黄时可用少许苏打粉掺水调成糊状，涂抹在焦痕处，待水蒸发后，再垫上湿布熨烫即可
4	化纤衣料	熨黄后要马上垫湿毛巾再熨烫一下，轻者可恢复原状

（四）熨烫注意事项

（1）先查看衣物标志牌或通过经验判断，选择合适的熨烫方式。

（2）熨斗使用前看使用说明或请教雇主。

（3）不要在手上有水时去插拔电熨斗插座，应在切断电源后给蒸汽熨斗的水箱加水，且用水为蒸馏水或白开水，因自来水易结垢堵住喷汽孔，在电熨斗使用过程中，人勿离开，以防引起火灾。

（4）使用间隙中，电熨斗应竖放置或放在金属架上，不要放在铁、砖块上，防划伤熨斗底板的电镀层。使用完后，及时将电熨斗底板擦干净。

（5）调温型和蒸汽喷雾型电熨斗用完后，要将调温旋钮转到“冷”或“关”

的位置，水箱中的水应排干。

相关知识

熨烫标志

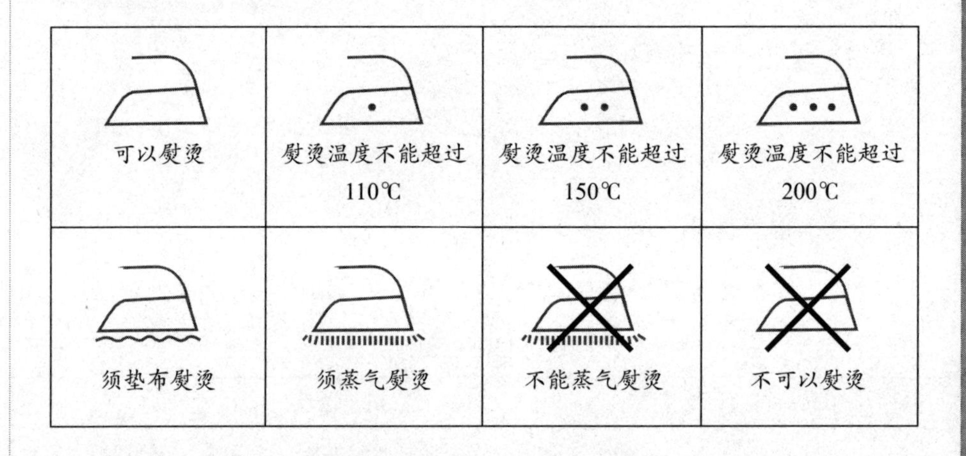

可以熨烫	熨烫温度不能超过110℃	熨烫温度不能超过150℃	熨烫温度不能超过200℃
须垫布熨烫	须蒸气熨烫	不能蒸气熨烫	不可以熨烫

六、衣物的收藏

（一）防虫剂的使用方法

购买防虫剂时，须检查其外包装有没有生产许可证，卫生防疫部门检验合格标志，如果没有，则不能购买。防虫剂使用方法如下。

（1）防虫剂不可拆开其外层透气纸。

（2）使用时放在衣服四周或角落。

（3）为了避免防虫剂的味道挥发过快，可以在其外层包一层纸。

（4）不可让其直接接触衣物。

（二）服装保管的基本方法

（1）服装一定要洗干净、晾干后再收藏。

（2）长时间收藏的服装要放在通风干燥处。

（3）晾晒干的衣服回凉后再收藏，不宜在其具有较高温度时收藏。

（4）内衣内裤分开存放，不同质地、不同季节的服装进行分类存放。
（5）服装不可越季放，要经常通风晾晒，以防污染、虫蛀、受潮、发霉。
（6）存放服装的柜（箱）中，应放防虫剂、樟脑丸，以防止服装被虫蛀。
（7）衣物存放于衣柜（箱）中的基本顺序及原则如图3-12所示。

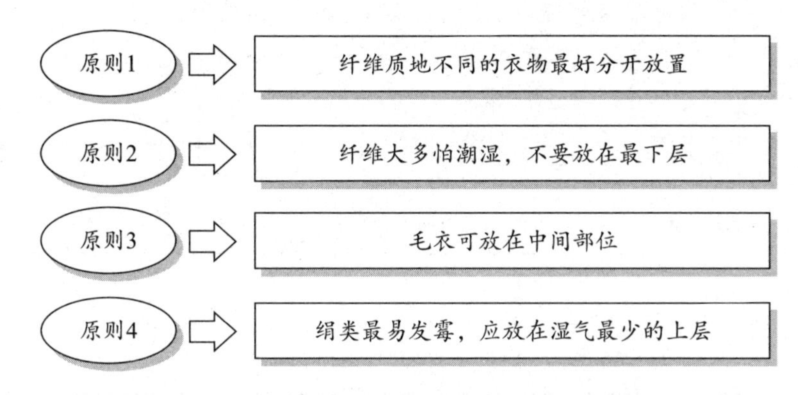

图3-12　衣物存放于衣柜中的基本顺序及原则

（三）各类面料衣物的收藏

各类面料衣物的收藏方法如表3-11所示。

表3-11　各类面料衣物的收藏方法

序号	衣物类别	收藏方法
1	棉麻衣物	叠放平整，深浅色分开存放；带有金属物例如拉链纽扣，要用塑料袋包装好后再收藏
2	化纤衣物	一般不易变形，可随意存放。但不易常挂，防止衣物伸长变形，宜洗净熨烫后叠放
3	毛料衣物	用白布或白纸分别隔开包好，以免绒毛吸附在其他衣物上
4	丝绸类	此类易发霉生虫变色，首先要清洗干净，晾干熨烫，收藏箱要清洁干燥，此类衣物怕压，可放在其他衣物上面或者挂起来
5	羽绒类衣物	洗净晾干，金属拉链用石蜡抹一遍，要敞开以免生锈；塑料拉链要系好以免变形。夏季应选择阳光充足时，在室外阴凉通风处晾吹
6	皮毛制品	在阴凉处晾晒后用藤条敲打皮面，以去除灰尘。晾凉后收藏，将皮板放平把毛顺直，毛里对毛里折叠起来，用本色布包好或装入袋内，在毛面外放10粒左右用白纸包好的卫生球，放入严密的衣箱（柜）中，裘皮要用衣架吊挂存放，粗毛类服装可以折叠存放

牢记要点

1. 毛料衣服晾晒要放在通风阴凉处，晾反面，不宜在强光下暴晒。
2. 清除衣物污渍应由外向内，防污迹扩大。
3. 熨衣物前首先检视衣物标签，选择合适的熨烫方法。
4. 防虫剂不可直接接触衣物。
5. 衣服熨烫好后，须放在通风处将所留蒸汽晾干，再放到衣柜里。

技能07 宠物喂养与家庭绿化常识

学习目标：

1. 了解宠物喂养的方法（见图3-13）。
2. 掌握家庭绿化的特点和养护常识。

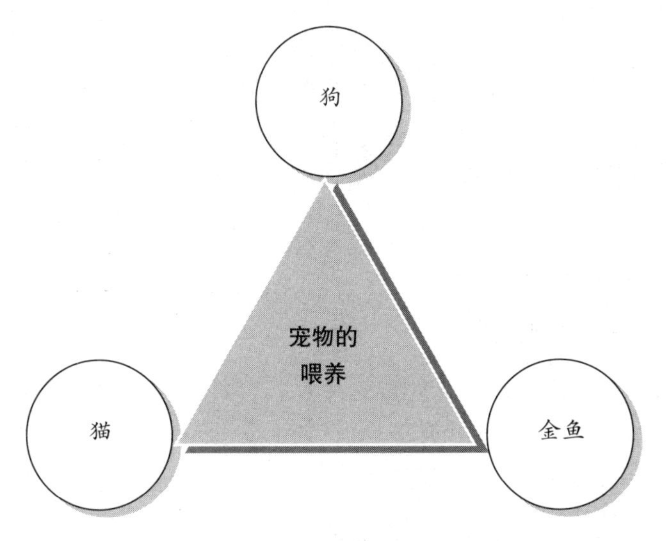

图3-13　宠物的喂养

一、宠物猫的喂养

（一）养猫的基本用品

要想养好猫，必须有养猫的基本用品，如猫窝、铺垫物、饮水用具、喂食器具、便盆、颈带、梳子、刷子、消毒液等。

（二）喂食要注意定时、定量、定点

（1）定时：每天在固定的时间喂食，养成良好的吃饭习惯。不能什么时候想起来了什么时候才喂。

（2）定量：饭量不要忽多忽少。随着猫咪年龄的增加，在某一段时间里（一般是三四个月的时候）小猫的饭量逐渐增长，到八个月以上就保持稳定了。

（3）定点：猫的食盆和水盆要放在房间的固定地方，不要移来移去的。

（三）猫的清洁与调教

（1）猫从小就喜欢清洁。一般出生后4周便可跟随猫妈妈到固定的地点去便溺。此时，可先调教它在便盆里便溺，逐渐还可以调教其在抽水马桶上便溺。

（2）应调教猫不上床，让它到猫窝里去睡觉。

（3）平时应多为猫梳理皮毛、洗澡、护理眼睛、耳朵、修剪爪子。

（四）定期体检

为预防各种传染病，要定期为猫做体检，并注射相关疫苗。

二、宠物狗的喂养

（一）狗的喂食

1.定时、定量、定点、定位

喂食定时、定量、定点，食物温度适宜，不宜过冷过热，饮水充分、洁净。通常是把狗食分为每天2次，1岁生长期的狗也可以分2餐，成年狗每天吃一大餐，最好是上午吃比较好，3 ~ 12月龄的每天3次，2 ~ 3月龄的每天4次，1 ~ 2月龄的每天5次，一个月内的每天6次。

狗的生活很有规律，因而最好能让狗定位进餐。

特别提示：▶▶▶

当喂养多只狗时，应当分开喂，避免两只狗争食，造成营养不均。

2.喂食器具

狗与猫一样，喂食需要专用器具。

（1）狗吃饭、饮水的用具最好是不锈钢、铝或塑料的，底部要重，边缘要厚，防止饮食时打翻喂食器具，最好不要用易碎的陶瓷制品和玻璃制品，防止扎伤狗，也不要用易生锈的铁制品。

（2）喂食器具的大小形状要根据狗的体形大小及口鼻的大小和形状而定。

（3）多种狗饲喂时尤其要注意不能串换各狗食盆，以防疾病传播。

3.注意事项

（1）出现剩食或不食，要及时查明原因。

（2）喂食前后均不要让狗最激烈运动。

特别提示：▶▶▶

不要渴坏狗。俗话说，狗不怕饿，就怕渴。狗几天不吃东西没关系，如果几天不喝水就有生命危险，每天最少让狗喝3次水，以免影响狗的发育。

（二）大小便的训练

训练狗到固定的地方大小便，应当从幼狗开始。

1.训练方法

（1）在卫生间内固定一个地点放上一个便盆（便盆要重些，以免狗把便盆给碰翻），盆内放上旧报纸，不放也可以，狗大便或小便后，应立即更换或清洗。也可让它到卫生间低洼的地方去大小便，便后要及时清洗。

（2）狗在固定的地点大小便后，要及时地给予爱抚或者奖励，让它形成在固定地点大小便的条件反射。

2.训练时间

一般是在狗起床后，喂食以后或晚上睡觉以前，带它到卫生间放有便盆的地方，有时狗不一定在这个时间大小便，也不要紧，让它在卫生间待一段时间，再放它出来。

如发现狗在室内有大小便的动作征象，应该立刻制止它，并将它带到卫生间让它排泄，并用手轻拍狗的头，以示嘉奖。如果已排泄，应给予及时的斥责和惩罚。同时将它的大小便清理干净并把它一同带到卫生间的固定地方让它嗅闻。

特别提示：▶▶▶

做有素质的狗主人，遛狗一定要拴牵引绳，同时带上塑料袋，把小狗的大便装进袋内再投入垃圾箱。

（三）定期清洁

要定期为狗清洁，培养卫生习惯，常给狗洗澡，梳理毛发，修剪指甲，护理眼睛，适当安排其户外活动。

（四）要防止狂犬病

（1）要避免所养的狗被其他牲畜咬伤。

（2）防止狗的异常行为。

（3）对狗的粪便、尿、呕吐物、唾液要及时清理，以控制传染源。

（4）及时给狗打防疫针和服药。狗从小到大共打3次防疫针，还要让狗吃驱虫药，保证小狗健康成长。

三、金鱼的饲养方法

家庭养金鱼，一般将玻璃缸放置在近窗通风又有阳光的地方。

（一）养鱼数量

一般家庭所用的长方形玻璃缸因体积较小，不可多养，宜少不宜多。还要看水温的高低，水温低时可多养，水温高时要少养；鱼体大，要少养；冬季可多养，夏季要少养。

（二）投饵

为了保持水质清，投饵量要严格定时定量，通常每日投饵1 ~ 2次为宜，每次投饵量以在半小时内吃完为宜，饲料不要喂太多。

（三）保持水质

养金鱼保持水质清至关重要，要经常用乳胶管吸除积渣，把玻璃缸底的粪便，残饵连同浑浊水吸干净，然后补进已晾晒或放置一天的新水。

四、家庭绿化常识

表3-12所列为一些家庭植物的特点及养护常识。

表3-12　家庭植物的特点及养护常识

序号	植物名称	特点	养护要点
1	青叶榕	喜高温、多湿及充足的阳光，耐旱较强	春夏季经常浇水，且向叶面喷水，较耐寒
2	发财树	要求光照充足也可耐阴	春季至秋季盆土干后浇水，冬季保持干燥，越冬最低5℃以上
3	南洋杉	喜温暖而湿润气候，冬季不低于10℃，较耐阴	春、夏季经常向叶面喷水，夏季应遮阴，生长期盆土保持湿润而不积水
4	花蝴蝶	喜温暖明亮环境，能耐阴，但不宜过长阴暗，会使叶片变小，叶色暗淡	夏季应勤浇水，叶面也需多喷水，5℃以上可安全过冬

续表

序号	植物名称	特点	养护要点
5	常春藤	喜多湿及半阴环境	春秋置于弱光下养护，常向叶面喷水，生长期间保持土壤湿润。冬季减少浇水，保持13℃以上
6	太阳神	喜温暖湿润及半阴环境	春秋保持盆土湿润，夏季勤于喷水，冬季减少浇水次数和数量。冬季保持5℃以上
7	针葵	喜高温，较耐阴，耐寒性较强	高温期应充分灌水，忌积水。秋末后控制水分，越冬2℃即可
8	君子兰	中光性植物，怕酷热畏强烈阳光直射，不耐寒，耐旱	生长期适量浇水，保持盆土湿润，冬季宜放朝南有光照地方，气温保持5 ~ 6℃
9	一叶兰	喜温暖湿润的气候，极耐阴	夏季宜放阴凉处养护，宜叶面多喷水。冬季减少浇水和施肥，越冬最低温度0℃
10	粉菠萝	喜温热环境，耐阴耐干旱。喜光但忌强光直射	晚春至初秋应浇足水，秋末至初春控制水分。叶筒内应保持水分，越冬最低3 ~ 4℃
11	橡皮树	喜高温高湿环境，要求阳光充足，有一定耐阴能力，不耐寒。抗旱力较强	盛夏季应经常浇水且叶面也喷水，冬季盆土干燥时再浇水。越冬最低3 ~ 5℃
12	酒瓶兰	喜阳光充足，耐寒也耐阴	盆土干后即浇水；一年中置光线能照之处。越冬0℃以上
13	鸭脚木	喜温暖湿润环境，耐阴、耐旱，也耐寒	夏季应每天浇水且叶面喷水。越冬3℃以上
14	金边铁	喜阳光充足，较耐阴，能耐寒	水分供应平衡，盆内积水过多易烂根
15	白掌	喜温暖湿润，耐阴	初夏至10月放置蔽射光处。生长期应维持表土一干一湿状态。夏季干燥时应叶面多喷水，不耐寒
16	八叶木	喜高温湿润，较耐阴，不耐寒	生长期应多浇水，夏季忌阳光直射，盛夏需叶面喷水。越冬需5℃以上

续表

序号	植物名称	特点	养护要点
17	虎尾兰	喜高温和阳光充足的环境，耐阴力强不耐寒，抗病能力较强	生长期应多浇水，每月施一次肥，越冬10℃以上
18	五彩铁	喜高温多湿和光线充足环境，较耐阴，稍耐寒	高温期应注意多浇水，需叶面多喷水，以后控制水分。越冬10℃以上
19	银芯吊兰	喜温暖湿润环境，不耐寒也不耐暑热，较耐阴，避阳光直射	生长期保持盆土湿润即可，越冬5～10℃
20	富贵竹	喜温暖湿润，阴蔽环境，喜散射光	生长期需保持盆土湿润，夏季避阳光直射，冬季需光照充足，越冬10℃以上
21	黄金葛	喜高温多湿及半阴环境	4～9月生长期要充分灌水，越冬温度10～15℃
22	千年木	喜高温多湿和光线充足环境，较耐阴，稍耐寒	生长期应注意多浇水，冬季盆土不宜太湿，越冬5℃以上
23	金山棕	喜温暖、潮湿后半阴的环境，较耐寒，忌烈日暴晒	夏季置于明亮通风处，经常叶面喷水，忌盆内积水，盆土宜干湿适宜，冬季控制浇水，越冬温度5℃以上
24	春芋	喜高温多湿的环境，较耐寒	生长期应充分浇水，冬季应减少浇水，越冬温度0℃以上
25	龟背	喜温暖湿润的环境，忌阳光直射。喜半阴环境，不耐寒	生长期限要有充足的水分和较高的空气湿度，经常进行叶面喷水，冬季盆土保持微湿即可，越冬温度10℃以上
26	节节高	生根后不宜换水，需水分减少后及时加水	生根后及时施入少量复合肥。春秋季每月施一次复合肥，不宜摆放在风常吹到之处
27	榕树盆景	喜温暖的环境，注意通风，能耐阴，忌阳光直晒	控制浇水，盆土干后即浇透水，越冬温度10℃以上。室内摆放3～4周后需移至光线好的场所
28	元宝树	喜温和光线明亮的环境	随时保持盆土湿润，但不可积水，对干燥空气有一定忍耐性，夏季注意遮阴，越冬10℃以上

牢记要点

1. 喂猫时要定时、定量、定点。
2. 为预防各种传染病，要定期为猫做体检，并注射相关疫苗。
3. 遛狗时拴绳并带上塑料袋，把小狗的大便装进袋内再投入垃圾箱。
4. 要定期为狗清洁，培养卫生习惯。

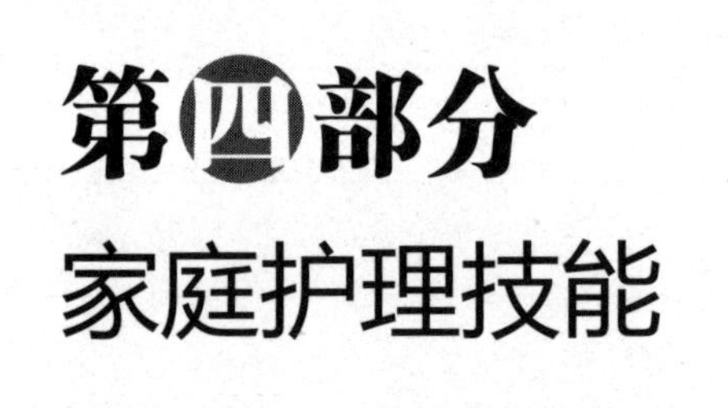

第四部分 家庭护理技能

技能01 孕妇护理

学习目标：

1. 了解孕妇常见症状及护理措施。
2. 掌握孕妇的生理特点和护理要点（见图4-1）。

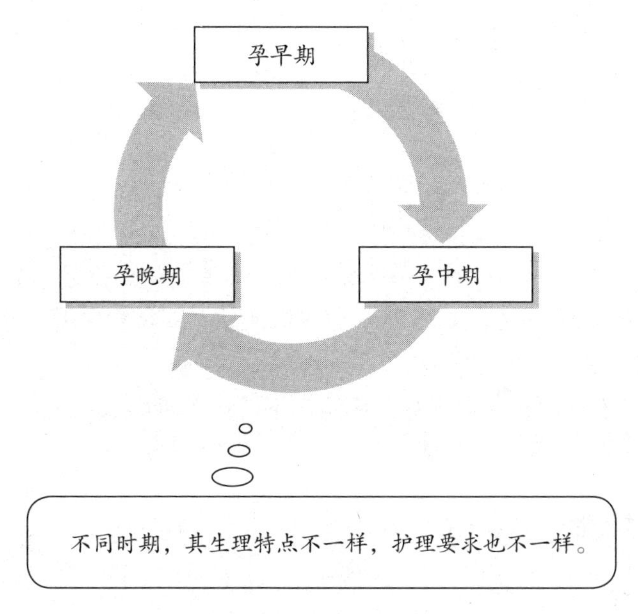

图4-1 孕期护理

一、孕期的生理特点及护理

孕期约280天（40周），分为孕早期、中期、晚期。正常足月为38 ~ 42周。

（一）孕早期（1 ~ 3月）

孕早期是胚胎完成各器官、系统、人体外形和四肢发育的关键时间。其生理特点为恶心、呕吐，食欲不振、头晕、乏力、尿频、便秘。主要护理要点如下。

（1）饮食清淡易消化，少食多餐，适当多食新鲜水果。呕吐恶心严重时要就医。孕早期是胎儿各个器官形成分化阶段，需要合理全面的营养。合理补充叶酸（防止胎儿畸形），如菠菜（焯一下水去除草酸）、香蕉，适量食用坚果类（富含不饱和脂肪酸，有利于脑细胞的生长发育）。注意饮食清洁，防止腹泻。

（2）充分休息，每天8～9小时睡眠。

（3）预防感冒（病毒感染），讲究个人卫生，适量运动，谨慎用药。

（4）居室通风，提高室内相对湿度（65%），多喝水，防止呼吸道黏膜受损，避免接触有毒物质（甲醛、汽油）。

（5）加强自我保护，到医院或人多密集处戴口罩，饭前、便后，外出归来及打喷嚏、咳嗽，清洁鼻孔后，用流动的水和肥皂洗手，注意口唇清洁。

（6）适量运动，不要在闹市区散步。

（7）谨慎用药，就医时主动告知怀孕情况。

（二）孕中期（4～7月）

孕中期是孕妇的幸福时光。胎儿的各器官基本定型，并进一步发育成熟。最重要的是胎盘已形成，并与脐带相连。这一阶段的护理要点如下。

（1）孕中期是胎儿发育成长的旺盛时期，也是孕妇身体变化最大的时期，孕妇对营养的要求是全面量大。适当多吃含铁食品，如动物肝脏、蛋黄、豆制品，注意补充钙质，牛奶500毫升/天。

（2）4～6个月胎儿听力发育已成熟，不可将传声器贴在腹部。

（3）多进行户外活动，多晒太阳。

（三）孕晚期（8～10个月）

1.生理特点

（1）易发生妊娠并发症，如高血压、胎位不正、浮肿。

（2）体重增加很快，但大于500克/周为异常。有些孕妇乳房开始泌乳。

（3）心肺负担加重，孕妇的呼吸较常人急促。

（4）排尿次数增加，较易发生痔疮。

2.护理要点

（1）妊娠高血压综合征：高压131～139毫米汞柱，低压81～89毫米汞柱，体重增加异常，大于500克/周，有不易消退的水肿，需就医。

（2）浮肿：低盐饮食，高抬腿，按摩。

（3）乳房护理：乳头下陷的处理，擦洗乳头。

（4）孕晚期：是胎儿生长最快的阶段。注意不要进食过多的高热量食物，避免孕妇肥胖，胎儿过大。

二、孕妇常见症状及护理

怀孕妇女在妊娠期身体各方面都发生了很大变化，也不同程度地出现了一些妊娠期特有的生理症状。这些症状虽然不是病症，但或多或少会给孕妇带来生活的不便甚至身心痛苦。本节主要介绍几种孕妇常见生理症状及其预防、护理措施，指导家政服务员进行有效护理，从而帮助孕妇减缓妊娠期症状，并安全度过妊娠期。

（一）恶心和呕吐

妊娠期约有一半以上的孕妇会不同程度地出现恶心、厌食症状，其中相当一部分人有呕吐经历，尤其是早晨起床时。这些现象一般在怀孕40天左右最为突出，至怀孕3个月左右消失，但也有少数孕妇恶心和呕吐现象会一直持续到分娩为止。护理措施如下。

（1）在孕妇起床后，家政服务员可把事先准备好的几片苏打饼干或面包片端给孕妇，让孕妇半坐床上，简单吃完后再起床洗漱。注意起床、穿衣等动作要缓慢。

（2）适当调节孕妇饮食，多为她们做一些清淡食物，如水果、青菜等、少吃或不吃油炸等难以消化食物，并避开特殊气味的食物。

（3）建议孕妇进食时避免同时喝液体食物，如水、饮料、豆浆、牛奶等，两餐之间可进食液体食物。

（4）与孕妇协商，制订孕期进餐计划。主要是建议孕妇少量、多样进餐，从而避免其两餐之间时间太长而造成的空腹及一顿饭吃得太多而不消化所带来的胃部不适。可每天5 ~ 6餐，以正餐为主，饭后适当散步。

（5）指导孕妇做全身性的预防措施，如休息、放松、保持精神愉快、适当锻炼等。

（6）对于早孕反应较重的，一天吐数次，甚至一连数天滴水不进者，应及时提醒她到医院就诊和处理，以免发生脱水等危险。

（二）尿频、尿急

常在妊娠初期3个月及后期3个月会发生小便次数增加，常感有尿意，但小便量并不多的现象。护理措施如下。

（1）建议孕妇先到医院检查，排除尿道感染的可能。

（2）向孕妇解释出现这种现象的原因，只要不是感染引起的，此时的尿频、尿急应属于正常现象。可不必为此限制液体的摄入量，以免导致脱水，影响机体正常代谢过程。在胎儿分娩后，症状会自然消失。

（3）某些孕妇咳嗽、擤鼻涕或打喷嚏时有尿外溢情况。家政服务员需要指导孕妇作缩肛运动，训练盆底肌肉的张力，将有助于控制尿溢。

（三）便秘

大便干结、排便不畅是妊娠常见表现，尤其是妊娠后期更为突出。护理措施如下。

（1）帮助孕妇了解促成便秘的原因，与孕妇共同讨论解决方案。

（2）调节孕妇饮食，建议其适当多吃蔬菜、水果（如香蕉等）及粗纤维素含量高的食物；同时增加每日饮水量。

（3）督促孕妇养成定时排便的习惯；引导孕妇适当活动。

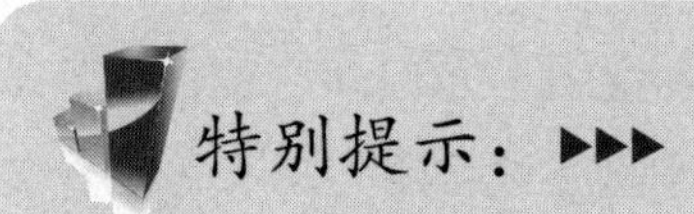

未经医生同意不可随便让孕妇使用大便软化剂或缓泻剂。喝蜂蜜水时也要谨慎，千万不可因此引起腹泻，因为腹泻恐导致流产。

（四）腰背痛

在妊娠中期以后，约有一半以上的孕妇感到腰背疲劳、酸痛。护理措施如下。

（1）与孕妇共同讨论腰背疼痛的原因及预防、缓解措施，使孕妇主动采取应对措施。

（2）指导孕妇在日常生活中保持正确的姿势（见表4-1）。

（3）建议孕妇有计划地锻炼，以增强背部肌肉强度，这也是预防腰痛的有效方法之一。例如骨盆摆动运动体操，每日3次，可以减少脊柱的曲度，避免过度疲倦，有利于缓解背痛。

（4）对腰背痛严重者应遵医嘱卧床休息，适当增加钙摄入量或做腰骶部热敷。

表4-1 孕妇在日常生活中的正确姿势

序号	姿势	要点	图片示例
1	站姿	站立时，两脚稍微分开，与肩同宽，重心放在脚心。如果是长时间站立，隔几分钟可以把两腿的位置前后调换一下，把重心放在伸出的腿上，可以减少疲劳度	
2	走姿	行走时，不要猫着腰或强挺胸，要抬头，挺直后背，紧绷臀部，好像把肚子抬起来似的保持全身平衡地行走。要一步一步踩实再走，以防摔倒	—
3	坐姿	坐下时，要坐满椅子，使后背呈90度地靠在椅子背上。股关节和膝关节呈90度，大腿成水平状。盘腿坐势也值得向孕妇推荐，有助于预防背部用力	
4	拾物姿势	拾取物品时，不宜弯腰拾取。应该弯曲膝盖而不弯背部，以保持脊柱的平直	

（五）静脉曲张

在妊娠后期，部分孕妇下肢（或偶尔发生于外阴）等处，出现静脉在皮肤上明显突起现象。护理措施如下。

（1）建议已出现症状的孕妇多卧床休息，避免长时间站立。

（2）提醒孕妇在坐、卧时注意抬高腿部，如孕妇在看电视时，可把两腿和脚，抬放到小凳子上，以促进下肢血液回流。

（3）避免穿紧口袜，建议孕妇买松口袜或把袜子紧口地方适当剪开。腰部不要束得太紧。

（4）若已经发生静脉曲张应就医，注意保护这些部位的皮肤，以免损伤出血。

（5）静脉曲张可因妊娠次数增加而增加。

（六）下肢肌肉痉挛

小腿腓肠肌（小腿肚）发生疼痛性挛缩，俗称腿肚抽筋。痉挛时有较强的痛感，孕后期较常发生，夜间发作时症状较重。护理措施如下。

（1）调理孕妇饮食，为孕妇做含钙较高的营养餐。

（2）提醒孕妇多进行户外活动，多晒太阳。

（3）细心护理孕妇，避免其腿部受凉、疲劳。

（4）建议孕妇不穿高跟鞋，走路时避免脚趾伸向前，可采取脚跟先着地的办法，以减少腿部肌肉的紧张度。

（5）建议孕妇睡硬一点的床，以减轻神经压迫。

（6）孕妇睡前，为其准备好热敷用品，为其热敷并按摩小腿部，或将脚步垫高后入睡，可预防症状的发生。

（7）必要时遵医嘱补钙和鱼肝油。

（8）当孕妇小腿肌肉发生痉挛时，家政服务员应做以下工作：让孕妇平卧，按住孕妇发生痉挛腿的膝盖，协助孕妇伸直小腿，用劲后蹬脚跟，症状可有所缓解；马上采取热敷并按摩小腿部的办法，注意按摩时要用劲揉开痉挛部位。

（七）贫血

若孕妇为轻度贫血者，其眼帘等皮肤黏膜处苍白或淡红色。严重者会发生头晕、面黄和口腔炎等现象。护理措施如下。

（1）从饮食方面为孕妇进行调理，可提供富含铁的食物，如动物肝脏（由于肝脏中维生素A含量较高，故每周吃一次即可）、豆腐及瘦肉、蛋黄。

（2）在孕妇妊娠晚期（12 ~ 16周开始），可遵医嘱建议其按贫血轻重程度及对铁剂的反应大小补充铁剂，同时注意补充维生素C，以促进铁的吸收，但注意应在餐后半小时内服用，以减轻铁剂对胃肠道的刺激。并向孕妇解释，服用铁剂后大便可能会变黑，或可能导致便秘或轻度腹泻，不必担心。

（八）下肢浮肿

孕妇在妊娠中后期，易发生下肢浮肿（主要指腿肿），有些还会出现会阴部浮肿。正常情况下，这种浮肿较轻，只有白天出现，经过一夜休息后即可消失，一般属于生理浮肿。若浮肿严重者经夜间休息后仍不消失，或伴有血压高，则是病态，是妊娠中毒症的表现，应及时到医院检查请医生协助处理。护理措施如下。

（1）如属于生理性浮肿，无需特殊处理，产后会自然消失。

（2）告诉孕妇只要不长时间站立，休息时注意抬高下肢，症状可减轻。若孕妇必须久站或久坐，则可指导其做脚部背屈运动。

（3）嘱咐孕妇睡眠时取左侧卧位，缓解右旋增大的子宫对下腔静脉的压迫。

（4）孕妇应避免穿过紧的裤子、鞋袜。

（5）限制孕妇对盐的摄入，做饭时要少放盐，但不必限制水分。

（6）水肿严重或实施了护理措施后水肿仍不消退时，应建议孕妇及时到医院就诊。

（九）痔疮

孕妇肛门局部静脉扩大曲张或团形。临床主要表现为：便秘、便血、痔核脱出、肛脱；重者出现肿痛难耐、大便难出、肛裂等。护理措施如下。

（1）让孕妇多吃些蔬菜水果，少吃辛辣食物，减轻便秘。重者可在医生的指导下用痔疮膏及中药坐浴，热水坐浴或熏浴。

（2）帮助孕妇养成良好的定时排便习惯，排便时不可过度使用腹压。

（3）建议孕妇避免久坐久站。

（4）提醒孕妇要节制性生活。

（5）建议孕妇在妊娠后期应多卧床休息（侧卧位），这样可减轻对盆腔静脉的压迫，有助于症状的缓解。

（6）指导孕妇使用按摩法：用食指按压，揉摩长强穴（尾骶骨处）或肛门周围，用力应柔和均匀，每次5分钟，每日2次。

（7）痔疮出血或严重影响排便时，应建议孕妇及时到医院咨询医生。

（十）阴道分泌物增多

孕妇阴道分泌物通常为乳白色，较非孕时候多，属于正常的生理现象。但要善于识别异常情况，例如分泌物为黄绿色或带血并伴有异味，以及外阴有明显刺激，瘙痒等症状时，则属病态，需及时就医检查明确炎症的性质，予以治疗。护理措施如下。

（1）帮助孕妇勤沐浴，劝其每天更换内裤，保持外阴部的清洁，但严禁冲洗阴道。

（2）告诉孕妇应该避免穿化纤质地的内裤，推荐使用吸水性好，质地柔软的棉质内裤。

（3）经常烫洗或太阳下暴晒孕妇换下的内裤。

三、住院前的准备

孕妇出现了分娩生产的征兆时，也不必惊慌失措。

（一）打电话与医院联络

打电话与医院联络，通知孕妇将要生产，再将平日准备好的物品清点整理好，与孕妇一起往医院去。

特别提示：▶▶▶

如有下列情况之一者均应提前入院。

（1）过去有不良分娩史：如习惯性流产、早产、死产等。

（2）多胎妊娠，即一次妊娠同时有两个或两个以上的胎儿。

（3）估计分娩有异常的产妇，如臀位、横位以及有剖宫产史的产妇。

（4）妊娠中发生病理变化，前置胎盘、胎盘早期剥离、羊水过多等。

（5）婚后多年初孕，高龄初产，不孕经治疗后妊娠者。

（6）孕妇原有疾病的，如糖尿病、心脏病、肾炎、原发性高血压、结核病、血液病、肝炎等。

（二）准备住院物品

孕妇到医院待产需携带的物品如下。

1.现金或银行卡

备好现金或银行卡，随时可以办理入院手续。

2.产妇用品

主要是洗漱用品，衣着、餐具，另外还有卫生用品，包括消毒的卫生纸、卫生巾、内衣、吸奶器等。

3.婴儿用品

婴儿服、尿布、袜子、被单等。

4.食物

可以准备一些高能量食物，如巧克力等。

牢记要点

1. 孕中期，孕妇要多进行户外活动，多晒太阳。

2. 孕晚期，孕妇注意不要进食过多的高热量食物，避免孕妇肥胖，胎儿过大。

3. 未经医生同意，不可随便让孕妇使用大便软化剂或缓泻剂。喝蜂蜜水时也要谨慎，千万不可因此引起腹泻。

4. 当孕妇出现恶心、呕吐时，适当调节孕妇饮食，多为她做一些清淡食物，少吃或不吃油炸等难以消化的食物，并避免特殊气味的食物。

5. 当孕妇出现失眠症状时，帮助孕妇睡前用梳子轻柔梳头，温水洗脚，或让她睡前一小时喝杯热牛奶。

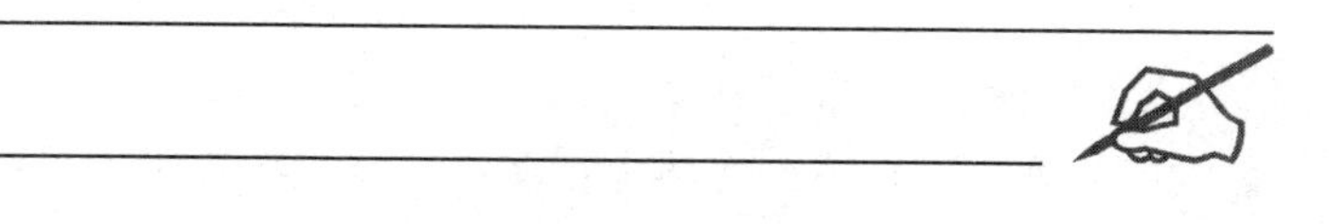

技能02 产妇护理

学习目标：

1. 了解产妇清洁护理的内容及措施。
2. 掌握产妇饮食的安排和营养的搭配（见图4-2）。

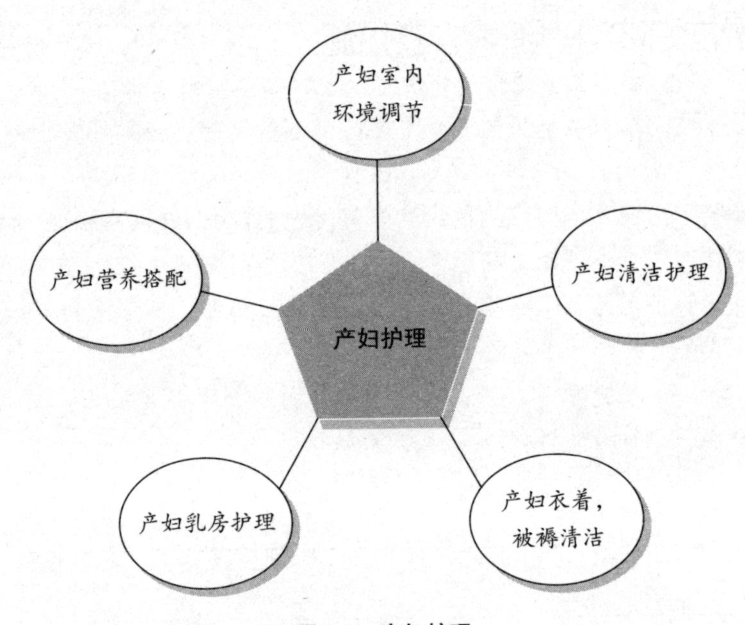

图4-2　产妇护理

一、产妇室内环境调节

（一）温度要适宜

室内温度一般保持在20 ～ 23℃为宜。冬天注意保温预防感冒；夏天不要捂得太严，因为产妇体内的热量排泄不出，会导致中暑。可以使用空调和加湿器调节房间的温度和湿度，保持安静。

（二）空气要新鲜

产妇房间的窗户可以常开，但不可直吹产妇或婴儿，一般可每天2次，每次15 ～ 20分钟，以使室内空气新鲜。

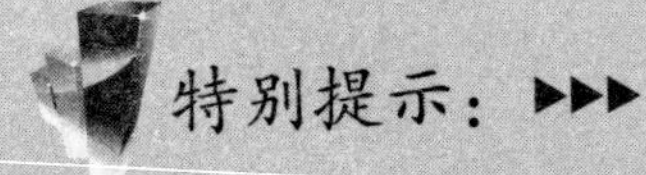

产妇的房间不要放花卉和有芳香气味的植物以免引起宝宝和产妇过敏，尽量不要养宠物。

二、产妇清洁护理内容及措施

（一）口腔清洁措施

若产妇在月子里食用大量的糖类、高蛋白类食物，如果不刷牙，容易有龋齿，或引起口臭或口腔溃疡。所以，产妇应早晚各一次及时刷牙漱口，保护口腔及牙齿健康。但产妇跟正常人刷牙方法是有很大不同的，产妇刷牙的方法主要如图4-3所示几种。

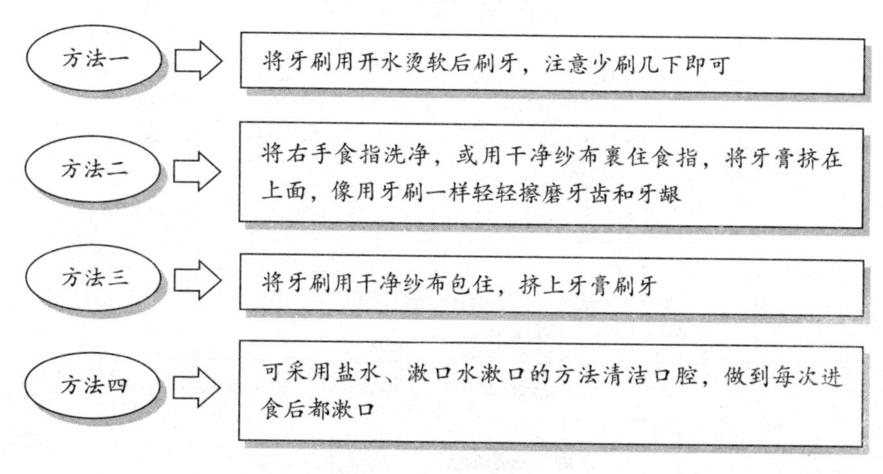

图4-3 产妇刷牙的方法

（二）头发清洁措施

产妇洗头次数不宜太频繁，夏天一天或两天一次即可。

（1）洗头的水温、室温要适宜。

（2）产妇可用生姜煮过的水洗头。

（3）洗头后不能用吹风机吹干头发，可多用几条干毛巾把头发擦干。

（4）产妇睡觉一定要等头发干透了再睡。

（三）产妇洗浴护理

1.淋浴

夏天天气较热，可帮助产妇准备好换洗衣物，调好水温（40℃），然后在产妇身边帮助产妇快速冲洗身体，时间不超过10分钟。

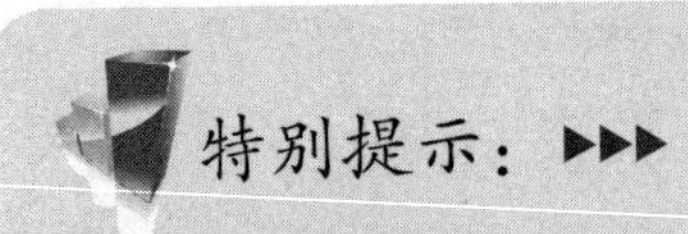

可以洗淋浴，但绝对不能洗盆浴，以防污水流入阴道引起感染。

2.擦浴

如果天气较冷，则每隔2 ～ 3天帮产妇擦浴（擦身）就可以了。擦浴步骤如表4-2所示。

表4-2　擦浴步骤

序号	步骤	操作说明
1	准备工作	（1）先调好室温（26℃）、水温（45℃），关好门窗 （2）准备洗浴用品：洗脸毛巾1条、擦澡毛巾1条、脸盆1个，热水，会阴洗具1套等 （3）准备换洗衣物：内衣1套、床单1件、被套1件等
2	擦浴	按眼、鼻、耳、颈部、胸部、乳房、腹部、手臂、腋下、背部、臀部、腿部、脚部和会阴部的顺序，由家政服务员分别用不同的毛巾对产妇的身体部位进行擦浴
3	结束工作	（1）产妇身体各部位擦洗结束后，帮其换好干净内衣裤，并更换床单 （2）整理换洗衣物及清洗用品等

擦洗时应注意以下三点。

（1）每次只暴露正擦洗的部位，待一个部位擦洗结束后，立即用被子盖好，再暴露下一个部位，以保证产妇不受凉，且动作要轻柔。

（2）清洗产妇手脚时，可直接将其放在水里清洗。

（3）清洗会阴部时，根据产妇身体状况也可让她自己冲洗。

三、产妇衣着、被褥清洁

产妇的衣着、被褥等厚薄要适当，切勿过厚或过薄。

（1）衣服要穿全棉的，吸汗性、透气性要好，颜色要浅。款式要方便喂奶，不要有拉链、扣子等硬的装饰品，以防划伤婴儿。

（2）内衣须是全棉的，且每天都要换洗。

（3）要穿袜子和软底的鞋。

（4）床不要过软。过软容易造成产妇腰痛，如果放婴儿在床上，床太软可能导致婴儿窒息，且不利于骨骼的发育。

（5）床上的物品要整齐干净，经常换洗。至少每个星期换一次，保持卫生。

四、产妇乳房护理

产妇分娩后逐渐开始泌乳，7天内为初乳，较稀薄，水样透明，略有黏性，量少，富含婴儿必需的抗体，7天后为成乳，以满足婴儿身体发育的必需，所以要坚持母乳喂养。

（一）哺乳时间及方法

正常产妇产后半小时即可开始哺乳，这样可刺激乳房，使乳汁早期分泌。婴儿出生第一天，母子同住，每半小时吸吮乳头。在哺乳前，产妇应先洗手，然后将乳头和乳晕清洗干净，让婴儿口含乳头和乳晕。如乳头污垢不易洗净者，不应强擦，以免擦破皮肤引起感染。

（二）清洁乳房

让产妇坐好，解开上衣，露出一侧胸部擦洗，再换一盆干净热水，水温50～60℃，将温热毛巾覆盖两乳房，保持水温。最好两条毛巾交替使用，每1～2分钟更换一次热毛巾，如此敷8～10分钟即可。注意皮肤的反应，避免烫伤。

（三）按摩乳房

先露出一侧胸部，将清洁纱布置于乳头上，以吸收流出的乳汁。将按摩乳膏倒在手上搓匀，双手分置于乳房根部，顺时针按摩1～2分钟。具体步骤如下。

（1）一手固定乳房，另一只手依据乳腺分布的位置，由根部向乳头以螺旋形按摩逐渐至全乳，按摩1～2分钟。

（2）一手按住乳房，另一只手由乳房根部用手指的力量向乳头方向推行、按摩。

（3）双手分别放在乳房两侧，由根部向乳头挤压按摩。

（4）用同样方法按摩另一侧乳房。

（四）注意事项

（1）有乳头凹陷者，应特别注意乳头的清洁。

（2）如果乳头发炎、乳腺发炎、乳房手术者则不能进行乳房护理。

（3）切忌用肥皂或酒精之类刺激较大的清洁物品，以免引起乳房局部皮肤干燥、皲裂。

（4）乳房护理完后产妇稍微休息一会就可以进行喂奶了。

五、产妇营养搭配

（一）饮食安排

（1）产后1 ~ 2天，产妇的消化能力较弱，应摄入易消化食物。流质或半流质。如牛奶、豆浆、藕粉、糖水煮鸡蛋、蒸鸡蛋羹、馄饨、小米粥等。不要吃刺激性的食物。

（2）产后3 ~ 4天，开始喝鲤鱼汤、猪蹄汤之类，不要喝过多的汤，避免乳房乳汁过度瘀胀。

（3）第一周：促进恶露排出和伤口愈合。以口味清淡的猪肝、山药排骨、豆腐为主，配合玫瑰姜茶、小米粥、红枣银耳汤，可以吃些清淡的荤食，如肉片、肉末。瘦牛肉、鸡肉、鱼等，配上时鲜蔬菜一起炒。

（4）第二周：补血，多吃补血食物并补充维生素。哺乳妈妈可吃些花生炖猪脚、鱼汤。每天补充2000 ~ 2500毫升水分。

（5）第三周：恶露基本排清，进入进补期，进行催奶。

（二）产妇适宜的食物

（1）炖汤类，营养较丰富，易消化吸收，可促进食欲及乳汁的分泌，帮助产妇恢复体力。鸡汤、排骨汤、牛肉汤、猪蹄汤、肘子汤轮换着吃，其中猪蹄炖黄豆汤是传统的下奶食品。

（2）鸡蛋的蛋白质、氨基酸、矿物质含量较高，消化吸收率高。可做煮鸡蛋、蛋花汤、蒸蛋羹，或打在面汤里等。一天不超过两三个鸡蛋。

（3）小米粥，富含维生素B、膳食纤维和铁。可单煮小米或与大米合煮，有较好的补养效果。但不能完全依赖小米粥，因小米所含的营养成分不是很全面。

（4）红糖、红枣、红小豆等红色食品，富含铁、钙等，可帮助产妇补血、去寒。但要注意红糖是粗制糖，杂质较多，应将其煮沸再食用。

（5）鱼，营养丰富，通脉催乳，味道鲜美。其中鲫鱼和鲤鱼是首选，可清蒸、红烧或炖汤，汤肉一起吃。

（6）芝麻，富含蛋白质、铁、钙、磷等营养成分，滋补身体，非常适合产妇的营养要求。

（7）蔬菜水果，含有丰富的维生素C和各种矿物质，有助于消化和排泄，增进食欲。各类水果都可以吃，但由于此时产妇的消化系统功能尚未完全恢复，不要吃得过多。冬天如果水果太冷，可以先在暖气上放一会儿或用热水烫一下再吃。

（8）适当吃些粗杂粮，切忌偏食。

（9）妇女分娩后气血亏损，体质虚弱，面色苍白，有的可能出现轻度贫血。除了吃些鸡肉、猪肉、牛肉、鸡蛋外，在1 ~ 3个月内要常吃多吃富含铁的食物，如猪血、猪肝、黑木耳、大枣等。重度贫血需及时就医。

（三）产妇不宜的食物

（1）生冷食物。

（2）辛辣食物。

（3）刺激性食品：如浓茶、咖啡、酒精，会影响产妇睡眠及肠胃功能，也对婴儿不利。

（4）酸涩收敛食品：如乌梅、南瓜等，以免阻滞血行，不利恶露的排出。

（5）冰冷食品：如雪糕、冰激凌、凉饮料等。

（6）过咸食品：过多的盐分会导致浮肿。

（四）注意事项

（1）忌喝高脂肪的浓汤。

（2）忌味精，可能导致婴儿锌的缺乏，造成生长发育迟缓等。

（3）忌多吃红糖，易损坏牙齿，红糖性温，加速出汗，使产妇身体更加虚弱，食用时间以产后10天为宜。

（4）汤汁汤料一起吃。营养其实在汤料里，煲汤不用大锅，煲的时间也不要太长。

（5）在分娩之后的3 ~ 4天之内，产妇不要急于进食炖汤类。

牢记要点

1. 产妇室内温度一般保持在20 ~ 23℃为宜。

2. 产妇的房间不要放花卉和有芳香气味的植物，以免引起宝宝和产妇过敏，尽量不要养宠物。

3.产妇的衣着、被褥等厚薄要适当，切勿过厚或过薄。

4.在分娩之后3～4天之内，产妇不要急于进食炖汤类。

婴幼儿护理

学习目标：

1.了解和熟知制作主、辅食的原则。

2.掌握喂奶的方法和要领，以及奶粉的调配程序。

3.掌握照料婴幼儿的方法和步骤（见图4-4）。

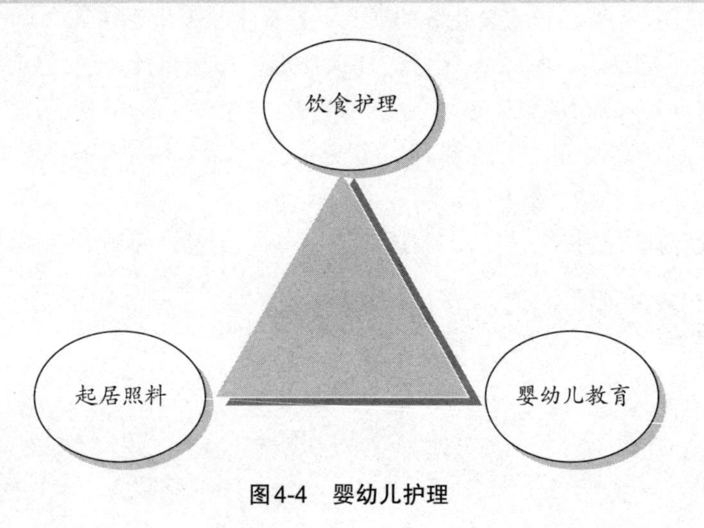

图4-4　婴幼儿护理

一、饮食护理

（一）调配奶粉

1.调配程序

（1）洗手，备好已消毒的奶具。

（2）先放凉开水，再放热开水，水温在38 ～ 40℃。

（3）按配方奶的说明比例放入奶粉，摇匀。

（4）在手腕内侧测奶温与流速。

2.注意事项

（1）人工喂养者应定时喂哺，一般3 ～ 4小时喂哺1次，夜间可适当延长喂哺时间。每两次喂奶之间，加喂一次水。

（2）配制前检查奶的质量，喂哺前测奶温，不要过烫过冷。

（3）喂完后应将婴儿竖起轻拍背部，使其打嗝，以防溢奶。

（4）婴儿食具应定时煮沸消毒，并妥善保存，避免污染。

（二）制作主、辅食

辅食添加的原则如下。

（1）初期一次只喂一种新的食物，以便判别此种食物是否能被婴儿接受。若婴儿产生不良反应如过敏，则避免让婴儿再吃到同种食物。

（2）喂食的分量应由少量逐渐增加；食物的浓度也由稀到浓。

（3）每次喂养一种新食物后，必须注意婴儿的粪便及皮肤有无异常，例如：腹泻、呕吐、皮肤出疹子或潮红等反应。

（4）喂食最好选在婴儿吸奶之前，婴儿较不会因已吃饱而拒吃辅食。

（三）喂配方奶

在将双手清洗干净后，一般可按下列程序给孩子喂奶。

1.确定奶的温度与流速

在喂奶前，必须先检查确定奶的温度与流速是否合适。检查温度的方法，是将瓶中的奶水向自己手腕内侧的皮肤上滴几滴，不凉不烫才能喂。检查流速的方法，是将奶头朝下让奶自然流出，如果需要几秒钟的时间才能流出，说明流速太慢，会使孩子喝得费劲，容易疲劳；如果奶流出的像一条线，说明流速太快，容易呛着孩子。只有当奶以每秒钟几滴的速度流出时才最合适（见图4-5）。

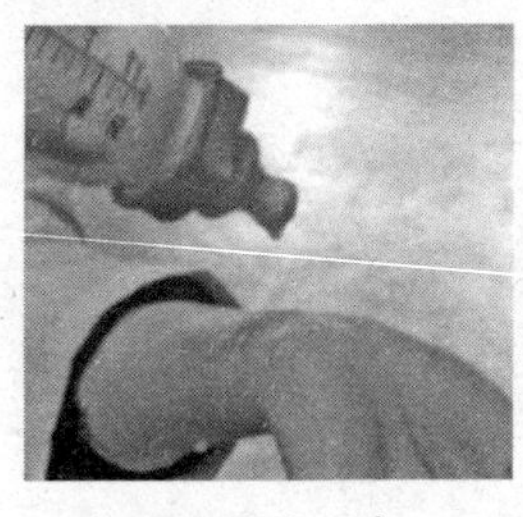

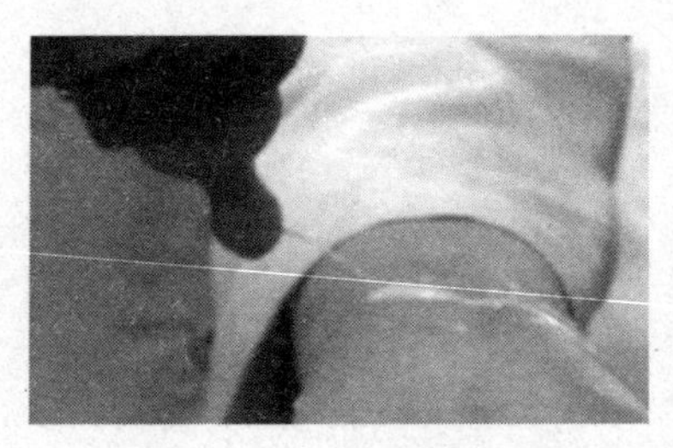

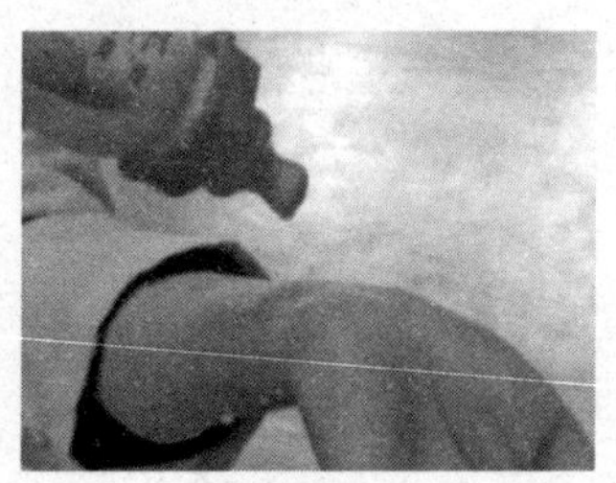

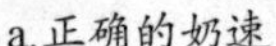

a.正确的奶速　　b.奶速过快　　c.奶速过慢

图4-5　确定奶速

2.合适的喂奶位置

把孩子放在膝上，使孩子的头部正好落在成人的肘窝里，同时用前臂支撑起孩子的后背，使孩子呈半坐的姿势而不是平躺，以保证其呼吸和吞咽安全、容易，避免呛着或引起呕吐（见图4-6）。

3.正确使用奶瓶喂奶

用奶头轻碰孩子的嘴，待其一张开就顺势将奶头放进嘴里。奶头不能插得过深，否则容易呛着孩子。奶瓶与婴幼儿的脸呈直角，以保证奶嘴中始终充满奶。如果奶嘴中有空气，会呛着孩子。

4.喂奶后轻拍婴幼儿背部

奶一喝完（或孩子喝得差不多不再喝了），应轻轻地拿出奶瓶，然后将孩子竖着抱起轻拍背部使其打出一个嗝，以免出现漾奶现象，这样才算完成喂奶任务（见图4-7）。

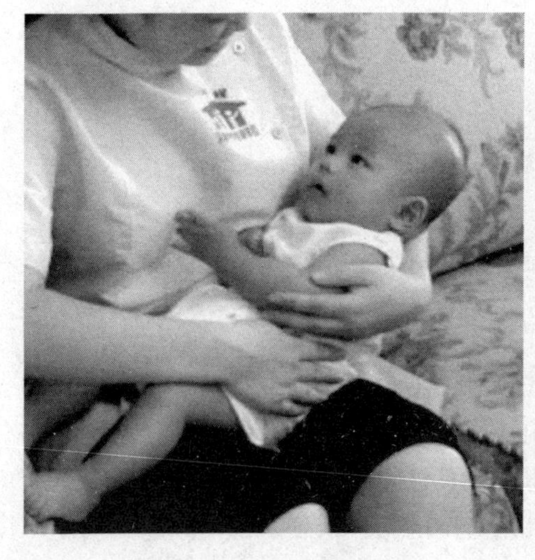

图4-6　合适的喂奶位置

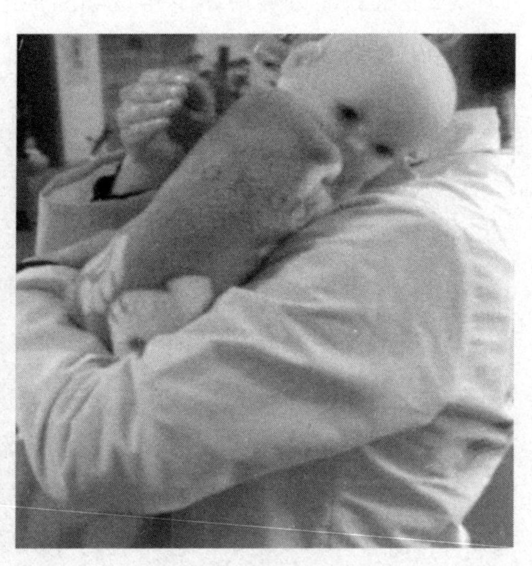

图4-7　给婴幼儿拍嗝

二、照料婴幼儿穿脱衣服

（一）给婴幼儿穿脱衣服的一般程序

婴幼儿的骨骼柔软，动作不够协调，给婴幼儿穿脱衣服有一定难度，必须注意方式方法，以免伤着孩子，给婴幼儿穿脱衣服及换尿布的一般程序如下。

（1）把婴幼儿放在合适的位置上。让孩子平躺在床上，坐在床上或坐在成人腿上。

（2）脱下脏衣服。先脱下身的裤子和尿布，再脱上身的外衣、内衣等。

（3）取下脏尿布。如有大便，可用尿布前部干净的地方将孩子身上的粪便擦掉。

（4）进行擦洗。用小毛巾沾上专门的洗液或用温水擦洗。

（5）换上干净的尿布。用一只手抓住婴幼儿的两踝，抬高其臀部，把尿布垫入臀部，固定。

（6）穿上干净的衣服。先穿内衣后穿外衣，穿完上身再穿下身。如果是套头衣服，注意别碰着孩子的前额和鼻子，然后再穿袖子。

（二）协助给婴幼儿穿脱衣服的方法

为使给婴幼儿穿脱衣服的活动顺利进行，协助工作可以从以下几方面入手。

（1）做好准备工作。将准备更换的衣服、尿布找出，按穿脱顺序一一放好。

（2）选择合适的协助位置。站在雇主身旁，位置最好既不妨碍雇主的动作，又能方便地接递衣服。

（3）穿脱过程的有效配合。注意看着雇主给小孩穿脱衣服的过程，以便随时将换下来的衣服、尿布接过来放在适宜的地方，并递上准备更换的干净衣服。如果孩子哭闹，可以在一旁与孩子说话、逗孩子笑或拿玩具吸引孩子的注意力。

（4）整理好穿脱环境。给孩子换好衣服后，将该拿走的东西都拿走，弄脏的地方擦干净，并将换下来的衣服、尿布洗干净，或根据雇主的要求在合适的时间洗涤。

（三）注意事项

（1）婴幼儿的衣物一定要漂洗干净，否则残留在上面的肥皂或洗衣粉可能会对孩子的皮肤造成损害。

（2）婴幼儿的衣物不要与成人的混在一起洗涤。

（3）不要把沾有大便的衣物与其他衣物混放在一起，并且要先将粪便除去再洗涤。

（4）沾有小便的衣物最好先将尿液冲洗掉，再按一般程序洗涤。

（5）如有尿布，要与衣物分开放置，并先用水浸泡洗去尿液后再按正常程序洗涤，洗后还要用开水烫一烫，并定期煮沸消毒。

三、照料婴幼儿清洗

（一）用品准备

浴毯、毛巾、婴儿浴液，洗澡盆、被褥类、尿布等。

（二）清洗步骤

（1）携全部用品至床边，关闭门窗，调节室温到25℃左右。

（2）水温维持约38 ~ 40℃（以手臂内侧试水温，以热而不烫为宜）。

（3）脱去婴儿衣服，用浴毯包裹全身。

（4）操作者用左手环抱婴儿，右手用清洁毛巾、清水轻轻自眼内角向外角擦拭，每清洗一个部位需调换毛巾部位，依次清洗婴儿鼻孔、耳郭、外耳郭，用毛巾将脸部擦干。

（5）清洗头部。用左手托住婴儿头部，并用拇指和中指将婴儿双耳郭托向前方，以压住外耳道口，防止水流入耳内。右手将洗发水涂于头部，以清水冲净并用大毛巾擦干。

（6）抱起婴儿，以左手握住婴儿左肩及腋窝处，使婴儿枕于肘窝处，右手托住臀部，轻轻将婴儿放于盆内（见图4-8）。

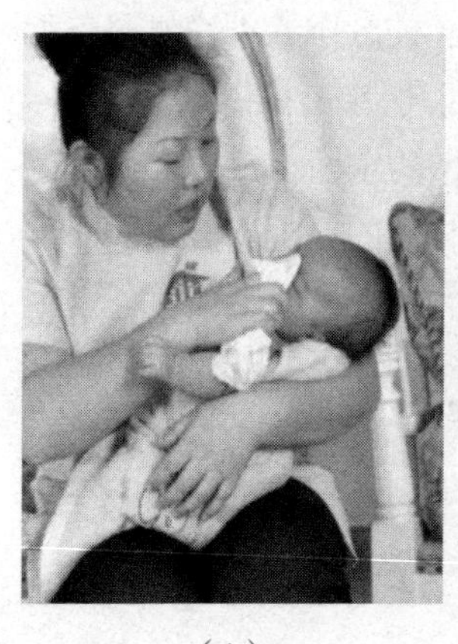
（1）

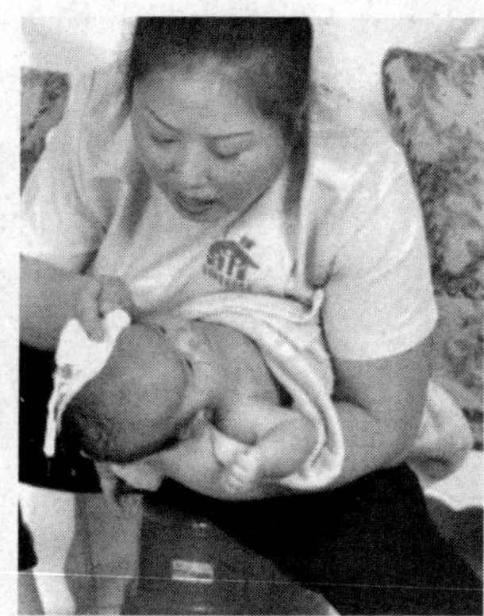
（2）

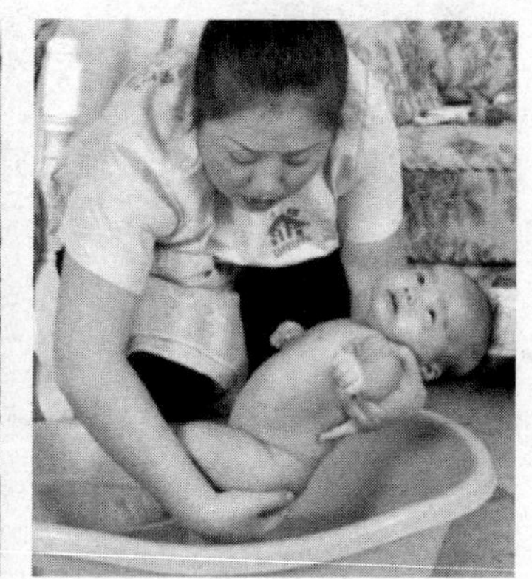
（3）

图4-8　婴幼儿清洗步骤

（7）用手将浴液涂于婴儿颈下、前胸、腹部、手臂、颈、背、臀部、会阴、腿、脚。

（8）抱出婴儿，放在清洁的浴毯上，擦干皮肤，穿好衣服，必要时修剪指甲。

（9）沐浴时，要随时观察婴儿全身状况。

（三）注意事项

（1）做好准备工作。准备工作包括衣物与用具一次备齐；调节室温在25℃以上；准备38 ~ 40℃的温水，准备清洗用水时要先倒冷水再倒热水，以防发生意外。

（2）要洗净重要部位。婴幼儿的耳后、脖根、腋窝、大腿根、外阴等部位一定要清洗干净。

四、照料婴幼儿大小便

（一）掌握婴幼儿大小便的规律

通过细致观察可掌握以下规律。

（1）婴幼儿大小便的基本状况。如每日大致的次数、时间、颜色、气味与基本形状等。

（2）婴幼儿大小便前的信号。如突然停下正在做的事情发愣、哭喊、不停地打嗝等。小便的信号没有大便的明显，有的婴幼儿可能会目光凝滞、身子乱动，稍大一些的孩子能发出嘘嘘声。这些信号需要悉心观察、仔细辨别才能确定。

（二）训练婴幼儿大小便

婴儿的膀胱容量是很小，所以把尿的间隔时间不可太长。通常越小越频繁，在孩子半岁左右，当孩子清醒时，可半小时到1小时把尿1次，在孩子入睡前要把尿，入睡后数小时应把尿一次。随着孩子的长大，把尿的时间可相应延长。

半岁后，孩子要小便时会有表示，但仍需护理者定时“提醒”，因为此时孩子控制排尿的意念仍不太强，稍不留神，婴幼儿就可能尿了裤子。在孩子到了1岁左右，就可以要求让孩子自己学着坐尿盆了，尿盆要放在指定的地点，孩子有了尿意会自己去解。但是如果家政服务员总是将便器换位置，孩子就可能不会自己去坐盆解便。此时孩子开始学会唤人了，但常常是唤人之时尿也尿出来了，所以仍免不了要尿裤子。孩子长到2岁时，没有使他“疏忽”的原因，孩子就应该可以在白天控制排尿了。婴幼儿一般是先能控制大便，以后控制白天的小便，最后才能控制夜间小便。

五、照料婴幼儿睡眠

（一）为婴儿营造适宜的睡眠条件

创造适宜的睡眠环境是保证婴儿高质量睡眠的前提。尽量让婴儿在自己所熟悉的环境中睡觉，给他（她）布置一个温馨、舒适、安静的睡眠环境。

卧室的环境要安静。室内的灯光最好暗一些，室温控制在20 ~ 23℃。注意白天开窗通风，保证室内的空气新鲜。

为婴儿选择一个适宜的床。床的软硬度适中，最好是木板床，以保证婴儿脊柱的正常发育。

睡前将婴儿的脸、脚和臀部洗净。换上宽松的、柔软的棉质睡衣。

（二）为婴儿创造适宜的生理条件

（1）保证婴儿的饮食质量。

（2）保持婴儿的正常情绪。

（3）婴儿精神饱满，能主动关注外界的信息，愿意和成人沟通。

（4）让婴儿增加适当的运动，最好与成人之间形成互动。

（三）不同年龄婴儿的睡眠次数和时间

不同年龄婴儿的睡眠次数和时间见表4-3。

表4-3　不同年龄婴儿的睡眠次数和时间

年龄	次数	白天持续时间	夜间持续时间	合计（小时）
初生	每日16 ~ 20个睡眠周期，每个周期0.5 ~ 1小时			20
2 ~ 6个月	3 ~ 4	1.5 ~ 2	8 ~ 10	14 ~ 18
7 ~ 12个月	2 ~ 3	2 ~ 2.5	10	13 ~ 15
1 ~ 3岁	1 ~ 2	1.5 ~ 2	10	12 ~ 13

（四）注意事项

（1）婴儿的被子不要盖得太厚。

（2）每个婴儿的睡眠时间有差异，不仅要关注睡眠的时间，更要关注睡眠的质量。

（3）要保证婴幼儿的睡眠时间，以免影响孩子大脑的充分休息和身体的正常发育。

（4）开窗通风要注意不能让风直接吹到孩子，否则容易使孩子受凉感冒。

（5）不要用逼迫、威胁、吓唬的办法使孩子入睡，这样既不利于婴幼儿尽快入睡，还可能使其睡不安稳，容易惊醒。

六、正确地包裹、抱放婴幼儿

（一）包裹婴幼儿

包裹婴幼儿时不要过紧，应该使婴幼儿的四肢处于自然的生理状态。合理包裹婴幼儿的方式如下。

（1）将薄毛毯对折成三角形，顶端朝上平铺在床中间。

（2）将婴儿放在毯中间，脖子要对着毯顶端，并包好尿布，注意不要盖住脐部。

（3）将一侧对折包住婴儿身体，将多余的部分平塞在婴儿身体下面。

（4）将包被的下面即婴儿脚的地方留一掌宽的距离向上折。

（5）再将另一侧以相反的方向对折并塞好。

（6）再盖一层蓬松的小棉被，将被角塞到毯子下面，或者将婴儿放入睡袋。

（二）正确抱放婴幼儿

1.抱婴幼儿

正确抱放婴儿如图4-9所示。

（1）家政服务员慢慢地弯下腰，从侧面或正面贴近婴幼儿，一手伸入婴幼儿的颈后，托住婴儿的脑袋，另一只手放在婴幼儿背臀部之间，支撑住婴幼儿的下半身。

（2）起身并轻柔平稳地将婴幼儿抱起。将婴幼

（1）

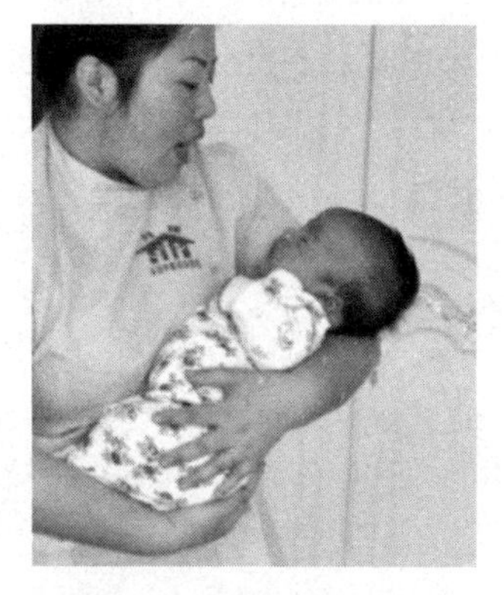

（2）

（3）

图4-9　正确抱放婴儿

儿整个体重转移至手上，并确保头部被稳稳地托在手中，然后边起身边把他抱到自己的胸前。

（3）把婴幼儿平抱或竖抱在自己的胸前。

2.放下婴幼儿

在放下婴幼儿的过程中，同样要保证支撑好婴幼儿的头部，否则，婴幼儿就会出现头部后仰、四肢抖动，呈惊吓状。放下婴幼儿时，要用手臂支撑住婴幼儿的脑袋，然后平稳地将其放在床上，同时也可以用温柔的目光注视婴幼儿。

（三）注意事项

抱0 ~ 1岁的婴幼儿时应注意以下三点。

（1）抱起或放下婴幼儿时，要注意动作轻柔、平稳和缓慢。

（2）抱0 ~ 3个月婴幼儿时就注意扶好头。因为婴幼儿的头占全身的比例比较大，婴幼儿又不能很好地控制、挺直自己的头部，所以在抱起或放下孩子时，一定要注意扶好孩子的头，以免出现意外。

（3）抱3个月以上婴幼儿时应注意扶住其背部。因为这时婴幼儿脊柱发育还未完成，不良的姿势会导致脊柱变形也可能使肌肉或韧带受到损伤。

七、照料婴幼儿活动

婴幼儿的日常活动是指一日中除了吃、喝、拉、撒、睡等基本生活活动以外的其他活动。照顾婴幼儿活动时要特别注意安全。

（一）进行室内活动的安全护理

婴幼儿在室内的主要活动场地不外乎是床上或地上，应注意以下三点。

（1）如果婴儿床没有床栏，孩子在上面活动时，护理者一刻也不能离开。

（2）如果婴儿床的栏杆之间较宽，孩子在活动时有可能跌落或卡住脖子、四肢等，要用柔软的东西挡好或堵好。

（3）如果室内地面较滑，不太平整或有突出物可能绊倒婴幼儿，应建议雇主采取一些方法补救，如铺设爬行垫；同时看紧孩子，以便随时给予保护。

（二）活动环境的安全护理

室内的活动环境主要指婴幼儿经常活动地点周围的一些情况，应避免出现可能产生危险的电源、热源或其他危险源。如果有则应备有安全保护设施。

（1）如果房间中有一些带电的装置或器械，如电插座、电线、电扇、电加热器等，婴幼儿能接触到它们，那就必须采取必要的保护措施，如加装插座安全盖或者用桌子、柜子等家具进行遮挡。

（2）如果房间中的一些热源，如暖气、护火等没有加罩或防护栏，应采取必要的保护措施并随时注意看好婴幼儿，使其没有机会触碰。

（3）如果婴幼儿在爬行或行走时，可能接触到的家具或其他物体的边角或把手比较坚硬，应贴防撞条或包上海绵、厚布等。

（4）婴幼儿经常使用或可能攀爬的家具，如桌、椅、板凳等要结实，平滑（无刺），否则，要修理或移开。

（5）如果房间中的窗户离婴儿床很近，或窗下有可攀登物，如桌、椅等，婴幼儿有可能爬上，最好能移开的移开，不能动时则一定注意安装防护罩或插好窗户的插销，并留意看好婴幼儿。

（6）如果阳台上的栏杆不够高、间距较大，或栏杆周围有可攀爬物，如纸盒、箱子、高椅子等，则要安装防护罩或采取相应措施挡好或移开。另外，如住高层建筑，则禁止抱婴幼儿在阳台或窗前向楼下观望，以免失手掉下。

（三）玩具与其他物品的安全护理

（1）不能给婴幼儿玩外观上有锋利边角、带木刺、掉色的玩具或其他物品。

（2）不能给婴幼儿玩容易破碎、开裂、部件易脱落的玩具或其他物品。

（3）不能给婴幼儿玩体积过小、能放入口中、重量过大、能发出刺耳声音的玩具或其他物品。

（4）不能给婴幼儿玩带有长线或细绳的玩具，以免缠绕手指和脖子，造成危害。

（四）日常生活用品（包括药品）的安全护理

（1）易燃、易碎、锋利的用具或物品，如热水瓶、水壶、杯、碗、花瓶、火柴、打火机、刀、剪、针、别针等要放在婴幼儿拿不到的地方，以免发生烫伤、割伤、烧伤等。

（2）各类药品及有毒性或刺激性的化学用品，如洗发液、洗涤剂、消毒水、杀虫剂、去污粉、爽身粉等要存放在婴幼儿无法接触到的地方。

八、婴幼儿异常情况的发现与应对

（一）处理轻微外伤

1. 擦伤

主要是身体某个部位，如脸、手、腿等处的皮肤被一些粗糙的东西擦破，出现一些擦痕、小出血点等。

这是在婴幼儿身上最经常发生的外伤。表皮擦伤后，首先可用凉水冲洗伤口直至伤口上的脏物都被冲掉。然后，在伤口表面涂上碘伏来促进皮肤好转。

2. 跌伤

大多数跌伤一般只造成局部的损伤，表面的擦伤，或渗血、出血，其处理的方式同表皮擦伤和一般出血基本一样。但如果孩子跌伤后出现神情呆滞、反应迟缓、面色苍白，则表明可能是内脏或大脑出现损伤，就应立刻带孩子去医院，如有延迟可能会造成生命危险。

3. 扭伤

多发生在婴幼儿四肢的关节部位，由于肌肉、韧带等软组织受到过度牵拉而造成损伤，受伤部位可出现青紫色、疼痛、肿胀，活动不灵活。一旦发现孩子受伤，要立刻停止孩子活动，并及时向雇主反映，并要求雇主送孩子去医院。

4. 鼻出血

鼻出血是儿童期比较常见的特殊部位的出血。许多原因都可引起，如鼻黏膜干燥、挖鼻孔、用力擤鼻涕、鼻外伤以及各种血液病等。一旦出现鼻出血可采取以下做法安慰婴幼儿不用紧张。

（1）将消毒棉花或纱布塞进出血一侧的鼻孔内止血。

（2）在孩子的前额和鼻部用湿毛巾冷敷。

（3）止血后2 ~ 3个小时内不要让其做剧烈运动。

如果上述处理无效，鼻出血仍不止，要立即带孩子上医院处理。

看护婴幼儿工作中最重要的职责首先应是保障孩子的健康与生命安全。一般婴幼儿不舒服或生病前总有一些征兆，如果家政服务员能养成平日经常注意“察言观色”的习惯，就是多注意看脸色、听哭声、察看大小便以及摸额头等，那么，一旦婴幼儿出现异常情况就能及时发现并及时采取措施，从而确保婴幼儿的健康和安全。

（二）处理轻微烫伤

婴幼儿一旦出现烫伤，首先要应判断烫伤的程度，然后再采取相应措施，如表4-4所示。

表4-4　婴幼儿烫伤程度及表现

烫伤程度	表现
一度	仅损伤皮肤的表层，出现局部红肿，但没有起水泡
二度	伤及真皮，皮肤受伤处呈淡红色或苍白，还出现水泡，疼痛剧烈
三度	烫伤程度较深，伤及皮下组织、肌肉甚至骨骼，可出现昏迷、休克等症状

婴幼儿烫伤紧急处理步骤如下。

（1）宝宝被烧烫伤后立即将烧烫伤部位用凉的自来水冲洗，并且持续足够多的时间。值得注意的是“立即”，这是最关键的一步，许多宝宝烧烫伤如果可以做好这一步，去医院后可能不会非常严重。要注意的是不要把冰块放在病灶部位，这有可能会造成宝宝烧烫伤的部位难以愈合。

（2）在凉水冲的至少15分钟或者疼痛感明显减缓后，轻轻脱下宝宝衣服，如果衣服紧紧贴在身体上，就要尽量减掉，不要硬脱。

（3）在经过以上两步后，可以进一步用凉水浸泡烧烫伤处。浸泡后用无菌的纱布轻轻地覆盖在烫伤处。

（4）做完一切紧急处理后，立即将宝宝送去医院治疗。

父母要牢记这四步处理方法，有效地减轻宝宝烧烫伤的严重程度，千万不能乱涂抹任何东西，这是需要再三强调的。

九、婴幼儿的教育

（一）如何教幼儿识数

（1）逐渐教孩子用手数实物，一个一个地数，要求手口一致。小孩子能手口一致数数是认数过程中的一大进步。

（2）利用生活中的具体事物，如手指、糖果、桌椅、积木等，让他们大量地感知数。

（3）在孩子大量感知数的基础上，可以通过实物教孩子认识多、少、一样多。最简单的方法是把两种物体上下摆成两排，一一对应，如糖果一排、积木一排，比谁多，谁少，还是一样多。

（二）如何教幼儿说话

1. 多和幼儿交谈

幼儿在学会说话之前，必须先有了解别人说话的机会，所以要尽量给予幼儿语言的刺激，尤其在把东西交给幼儿的时候，要把握时机教导他，例如把气球交给幼儿时，可以说“宝宝拿住气球”。

2. 简明的示范

引导幼儿学习说话，必须使用简单明了的发音，以及形式单纯的字汇。例如“爸爸”“妈妈”“谢谢”等。此外，要尽量使用正确的发音。

3. 不断给予反应

对幼儿喃喃之语，须不断地给予反应和鼓励，要是大人的态度敷衍，或对幼儿的说话不作任何反应，便可能使幼儿丧失说话的欲望，而不爱说话。

（三）如何回答孩子的问题

孩子所提的问题无外乎以下几个方面：自然方面、社会方面、生活方面和生理方面等到。自然方面的问题，大都属于知识性、科学性的问题，如“地球为什么是圆的”“母鸡为什么会下蛋”等，对这类问题即可以先做些简单的解释或谈谈自己的看法，再说明只要他们努力学习，长大了就会明白科学道理，同时夸奖孩子肯动脑筋，鼓励他们的探索精神和想象力。切不可把孩子所提的问题看作是“不成问题的问题”而不予理睬，或因为回答不上来就信口胡诌，敷衍搪塞。

牢记要点

1. 调配奶粉时，先放凉水，再放热开水，水温在38 ~ 40℃。
2. 喂完奶后应将婴儿竖起轻拍背部，使其打嗝，以防溢奶。
3. 在制作辅食之前，除了将食物及用具清洗干净外，也须保持双手清洁。
4. 在喂奶前，必须先检查确定奶的温度与流速是否合适。
5. 不要用逼迫、威胁、吓唬的办法使孩子入睡，这样既不利于婴幼儿尽快入睡，还可能使其睡不安稳，容易惊醒。
6. 不能给婴儿玩带有长线或细绳的玩具，以免缠绕手指和脖子，造成危害。

7. 切不可把孩子所提的问题看作是“不成问题的问题”而不予理睬，或因为回答不上来就信口胡诌，敷衍搪塞。

技能04 老人陪护

学习目标：

1. 了解护理老人的基本要求（见图4-10）。
2. 掌握老人异常情况的处理方法和原则。

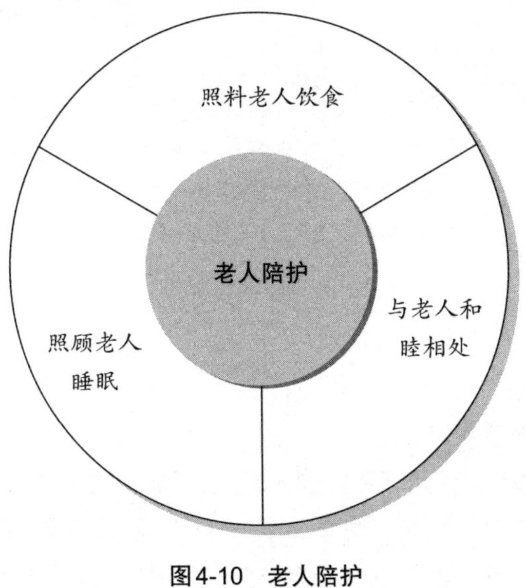

图4-10 老人陪护

一、照料老人饮食

（一）老人饮食讲求十个“要”

因为老人消化功能降低，心血管系统及其他器官都有不同程度的变化，因此对老人的饮食应有特殊的要求。为保持身体健康，应注意十个方面，即饭菜要香、质量要好、数量要少、蔬菜要多、食物要杂、菜肴要淡、饭菜要烂、水果要吃、饮食要热、吃时要慢。

（二）制定老人食谱的原则

依据老人饮食的上述要求，家政服务人员在制定老人食谱时应把握好图4-11所示三个原则。

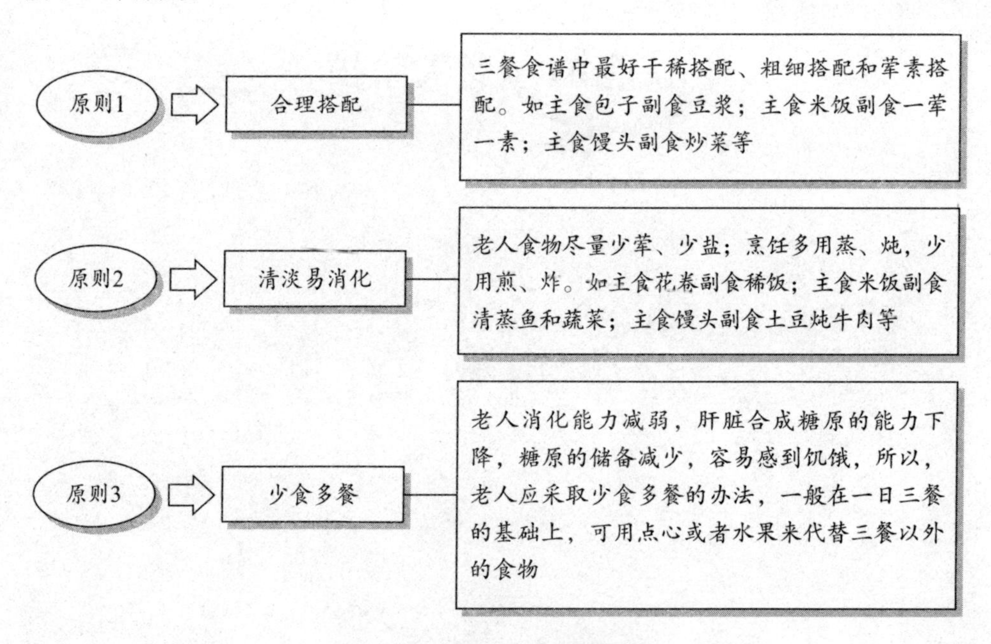

图4-11　制定老人食谱的原则

（三）辅助老人进食

由于老人的消化吸收能力较弱，所以，老人的进食过程跟年轻人不一样，家政服务员有必要辅助老人进食。

（1）保证老人按时进食。根据老人的生活习惯，规定老人的三餐和加餐的时间，提醒老人按时吃饭。注意，晚餐要早一点吃，不要拖至太晚。

（2）提醒老人进食要慢，同时进食量要少，避免噎食。

（3）保证食物要热。老人抗寒能力较弱，如果吃冷食即可引起胃壁血管收缩，供血减少，并反射性引发其他内脏血循环量减少，不利于健康。

（4）保证食物洁净。老人原本体弱多病，食用不洁净的食物可能会引起多种肠胃道疾病，尤其是进食腐败变质的食物，还可出现中毒昏迷甚至死亡等严重后果。

二、照顾老人睡眠

（一）老人睡眠的特点

要照顾好老人的休息，家政服务员首先应了解老人的睡眠特点。

（1）容易惊醒，醒后难以再入睡。

（2）刚睡时很疲倦，但只睡着不到1小时就醒了。

（3）看电视容易打瞌睡，可是上床又不能入睡。

（4）早上4点钟可能就醒了，夜间很容易醒。

（二）照顾好老人睡眠的方法

1.保证老人的休息环境

老人的休息环境应保持清洁、安静、空气畅通，家政服务员要及时整理老人的房间，保证温度适中、通风好等。

2.保证睡眠充足

（1）根据老人的睡眠习惯，调整作息时间，保证每天有6小时睡眠和1小时午睡。

（2）提醒老人睡前不要喝咖啡、浓茶，可稍进点心和热牛奶，冬天热水泡脚，以助入眠。

（3）提醒老人注意正确的睡姿。

三、与老人和睦相处

（一）与老人相处的基本方法

（1）尊重老人多年养成的生活规律和习惯，不要试图改变其生活嗜好与性格。

（2）饭菜风味要尽可能迎合老人的口味。

（3）应经常对老人嘘寒问暖，关心老人的健康状况。

（4）老人往往过多地关心生活琐事，家政服务员必须习惯，无论如何，也不能当面顶撞。

（5）与老人发生矛盾、误会时可通过其子女、亲友来协助解决。

（6）为老人创造良好的生活环境，使其能够经常笑口常开，心情愉快。

（二）与爱唠叨、挑剔的老人相处

（1）要具有高度的忍耐力。

（2）当老人唠叨时，不要生硬打断，也不要露出不耐烦的表情，更不能转身就走，可以巧妙地把话题转移，或借口购物、去卫生间等中断谈话内容。

（3）尽量把事情做好，让老人无法挑剔。

（4）某些老人爱挑剔的事，可以在做之前耐心地向其请教指导，做完后向其汇报。

（5）即使老人唠叨、挑剔过分时，也不要急于发作，可以说些“很抱歉，对不起”的客气话，待老人心情平静了，再给予必要的解释。

（三）与爱猜疑的老人相处

（1）首先自己应做到光明磊落，让对方清楚了解自己的人品和所作所为。

（2）要一丝不苟地完成指派的工作。

（3）老人易疑心的事，要做得更周到。

（4）有些不易说明白的事在做的时候最好有其本人或第三人在场。

（5）所经手的经济收支要清楚无误，每笔经济收支均记账。

（6）若条件允许，一些易引发猜疑的事要婉拒。

（四）与脾气暴躁的老人相处

（1）应具有较高的耐心、宽容心。

（2）若是因为家政服务员本身有错误而引起老人发脾气，应该迅速承认错误，表示改正，不要计较老人的态度。

（3）老人发脾气没道理时，不妨采取“惹不起躲得起”的办法予以解决。

（4）当老人意识到自己态度过火了，应及时表示理解。

牢记要点

1. 接触老人后，饭前便后要用香皂洗手。

2. 外出前要仔细检查煤、水、电开关是否关好，门窗是否锁好，要确保安全。

3. 与老人发生矛盾、误会时可通过其子女、亲友协助解决。

4. 老人易疑心的事，要做得更周到。

技能测试

一、选择题（30分，每小题5分）

1.（　）是指从业人员正确认识所从事的职业，端正对所从事职业的态度。

A.心理准备　　B.职业道德

C.遵纪守法　　D.文明礼貌

2.树立正确的职业心态，就是要（　）。

A.正确认识家政服务员职业　　B.克服世俗观念和自卑心理

C.客观评价自我　　D.要有明确的职业定位

3.有火情发生时应立即拨打电话（　）。

A.110　　B.119

C.120　　D.122

4.采购食材应做到哪“三勤”（　）。

A.脚勤　　B.嘴勤

C.眼勤　　D.手勤

5.在衣物收藏中，（　）类衣物一般不易变形。

A.棉麻　　B.化纤

C.毛料　　D.羽绒

6.在饮食的种类中，（　）饮食适用于心血管疾病、急慢性肾炎、肝硬化腹水较轻者。

A.高蛋白　　B.高纤维

C.低盐　　D.低胆固醇

二、判断题（40分，每小题5分）

1.能否做好家庭服务工作完全取决于工作技能的完善与否。（　）

2.烹饪时油锅着火可用水进行灭火。（　）

3.食品的价格与养分是呈正比的，一分价钱一分货。（　）

4.蒸馒头时，一开始就往锅内加热水或开水，这样可快些。（　）

5.煮挂面时要等水沸腾了再下挂面，以防挂面粘连。（　）

6.新鲜并不是历来所讲究的“肉吃鲜杀，鱼吃跳”的“时鲜”。（　）

7.在衣服面料燃烧的鉴别中，蚕丝遇火先卷缩后冒烟，产生枯黄色的火焰，

离开火焰即灭，有烧头发的气味，灰烬呈黑色块状，手捏即碎成粉末。(　)

8.婴幼儿的日常活动是指一日中除了吃、喝、拉、撒、睡等基本生活活动外的其他活动。(　)

三、简答题（30分，每小题6分）

1.家政服务工作的主要内容有哪些？

2.家政服务员应具备哪些心理素质？

3.在照料老人饮食时，应注意哪些方面？

4.煲汤时应注意哪些方面？

5.衣物存放衣柜中应遵循哪些原则？

参考答案：

一、选择题

1.A　2.ABCD　3.B　4.ABC　5.B　6.C

二、判断题

1.×　2.×　3.×　4.×　5.×　6.√　7.×　8.√

三、简答题

1.家政服务工作的主要内容有：制作家庭餐，家具保洁，采购日常生活用品，看护孩子、照顾老人，护理孕、产妇及新生儿，护理病人。

2.家政服务员应具备以下心理素质：正确认识自己、接受雇主的甄选、对工资有合理的预期。

3.在照料老人饮食时，应注意以下方面：饭菜要香、质量要好、数量要少、蔬菜要多、食物要杂、菜肴要淡、饭菜要烂、水果要吃、饮食要热、吃时要慢。

4.煲汤时应注意：选料要得当、食品要新鲜、炊具要选好、火候要适当、配水要合理、搭配要适宜、操作要精细。

5.衣物存放衣柜中应遵循以下原则：纤维质地不同的衣物最好分开放置；纤维大多怕潮湿，不要放在最下层；毛衣可放在中间部位；绢类最易发霉，应放在湿气最少的上层。

参考文献

[1] 周荣，丁丁. 家政人员培训与管理. 北京：中华工商联合出版社，2001.

[2] 陈朝晖. 家政服务员从业规范. 北京：中国经济出版社，2004.

[3] 全国家政服务实验基地教材编写组. 高级家政服务员实用教程. 北京：机械工业出版社，2004.

[4] 张从众. 家政服务指南：保姆必读. 北京：气象出版社，2004.

[5] 张柱林. 家政实用手册. 广州：花城出版社，2007.

[6] 徐直正等. 学家政服务. 郑州：中原农民出版社，2003.

[7] 高灵芝. 家政服务与管理. 北京：中国人民大学出版社，2003.